城市污水管网污染物迁移转化特性

金鹏康　王晓昌　著

"十二五"水体污染控制与治理科技重大专项
城市污水管网流量质量传递及污染物转移转化规律研究项目
（2012ZX07313-001-01）
资 助 出 版

U0228416

科学出版社

北 京

内 容 简 介

本书结合气候条件不同的南北方典型城市污水管网运行与调研结果，系统论述城市污水管网中污染物转化特性、不同水力条件下污水的水质变化规律以及微生物分布特征。全书共两部分内容，第一部分为第 1 章和第 2 章，主要介绍城市污水管网的运行现状和现存问题；第二部分为第 3 章至第 6 章，主要介绍城市污水管网中污染物迁移转化规律及作用机理。

本书主要面向城市给排水及环境工程领域的研究人员，也可作为相关工程技术人员的理论和技术参考书籍，同时可为该领域研究生和高级技术人员科研参考。

图书在版编目(CIP)数据

城市污水管网污染物迁移转化特性/金鹏康，王晓昌著. —北京：科学出版社，2018.7

ISBN 978-7-03-053545-0

Ⅰ.①城… Ⅱ.①金… ②王… Ⅲ.①城市污水处理-管网 Ⅳ.①X703.3

中国版本图书馆 CIP 数据核字（2017）第 135991 号

责任编辑：祝 洁 / 责任校对：郭瑞芝
责任印制：张 伟 / 封面设计：正典设计

科 学 出 版 社 出版

北京东黄城根北街 16 号
邮政编码：100717
http://www.sciencep.com

北京厚诚则铭印刷科技有限公司印刷
科学出版社发行　各地新华书店经销
*

2018 年 7 月第 一 版　　开本：720×1000 B5
2023 年 2 月第五次印刷　　印张：11　插页：4
字数：229 000

定价：128.00元
（如有印装质量问题，我社负责调换）

作者简介

金鹏康 西安建筑科技大学二级教授。以污水处理与资源化为研究方向，先后主持 10 项国家及省部级重点科研项目，作为项目副组长承担国家及省部级重大科研项目各 2 项，参与国家自然科学基金重点项目和 863 计划项目各 2 项，主持中国石油天然气集团有限公司长庆油田分公司及其他单位委托横向课题 20 余项。主持的项目获得省部级科学技术一等奖 2 项、二等奖 1 项，参与的项目获得国家科技进步二等奖 1 项、省部级科学技术一等奖 3 项。发表论文 200 多篇，出版专著 3 部，编写本科生教材 1 部，以第一完成人授权与申请国家发明专利 40 余项。入选"教育部新世纪优秀人才"和"陕西省中青年科技领军创新人才"支持计划，牵头建设陕西省污水处理与资源化重点科技创新团队。担任国际水协会会员、中国脱盐协会理事和中国环境科学学会水处理与回用分会副秘书长。

王晓昌 西安建筑科技大学二级教授。长期从事水处理领域的科研与教学工作，近五年主持国家级及省级科研项目有：水体污染控制与治理科技重大专项"十二五"课题 1 项、国家自然科学基金重点项目 1 项、国家自然科学基金重大国际合作项目 1 项、国家自然科学基金面上项目 2 项和陕西省科技统筹重大项目 1 项。所获奖励包括：2014 年国家科技进步二等奖、2012 年国际水协会全球项目创新奖、2012 年陕西省科学技术一等奖和 2010 年中国侨界（创新人才）贡献奖。担任国务院学科评议组成员，国际水协会程序委员会委员，2014 年当选国际水协会卓越会士。

前　　言

众所周知，城市污水管网是一个收集、输送污水的系统，是城市基础设施建设的一个重要组成部分。一方面，污水在管网内流动过程中，由于周期性的水量变化，不可避免地发生沉积、冲刷等作用，导致污水中悬浮性等粗分散体系污染物在管道中交替积累、释放，引起污水水质的改变；另一方面，我国城市污水管网，特别是绝大多数省会城市的污水管网距离比较长，水力停留时间长达 10～20h，管道中的微生物会逐渐在管壁形成生物膜，管道内发生的生化作用对污水水质的改变也不能忽视。近年来，我国对城市污水处理厂的处理水排放要求越来越严格，其中城市污水碳氮比、碳磷比偏低的现象严重影响污水处理厂脱氮除磷效果。已有研究指出，城市污水管网中颗粒性碳源的物理沉积和管网微生物的生化作用，是城市污水处理厂进水水质中的碳氮比、碳磷比失衡的原因之一。从这个意义上讲，城市污水管网作为整个城市污水处理体系的最前端，直接影响到污水处理厂进水水质。

本书是在作者近十年来从事与城市污水管网相关理论和技术研究的基础上撰写而成。在撰写过程中，作者针对我国城市污水管网长期以来仅关注水量收集与输送能力，缺乏对管网中污染物的转化及其对污水水质影响的科学把握问题，系统开展污水输送过程中污染物的转化机制及其对污水处理厂入水水质的影响研究。在掌握城市污水管网水力周期性变化规律的基础上，分析污水输送过程中污染物的物理沉积及水力冲刷特性，研究缓流管段沉积层的形成、各种污染物向沉积层的迁移与积累、反向释放规律，以及污染物在水、固两相中的平衡特性；通过建立模拟管网实验系统，结合实地调研，运用分子生物学和现代化学分析手段，探索管网系统中污染物降解的中间产物、微生物代谢产物的繁衍规律，研究管网中物理、物理化学和生物化学等多元作用下污染物的转化途径与归宿，揭示污水输送过程对污水处理的影响机制；基于污水管网中污染物积累、释放和气固液相间转化规律研究，系统分析城市污水输送过程中污水中碳氮磷沿程代谢与相互转化特征，解析不同环节碳源的流失与消耗，掌握不同水力条件下污水的水质变化规律，揭示不同级别管网中污水水质转变机制，从而为污水管网的设计优化、污水处理厂进水水质的合理测算奠定理论基础。

本书由 6 章构成。第 1 章绪论，着重论述城市污水管网的发展历程；第 2 章基于西安与昆明两座城市污水管网的调研结果，对城市污水管网运行状况进行分析，在此基础上，探讨不同排水体制下管网水质及水量的变化特征；第 3 章主要论述城市污水管网污染物的沉积特性，着重研究沉积物的释放规律，同时介绍沉积物中微生物群落特性；第 4 章结合实际调研与模拟研究，探讨管网中有机物、氮磷及其他营养盐的转化特性；第 5 章主要探讨管网中生物膜菌群的形成过程及分布特性，在此基础上，研究生物膜对污染物的作用原理；第 6 章分别论述城市污水管网对污水处理厂宏观水质指标，有机物生化降解性及生物脱氮除磷过程的影响，并给出降低管网输送对污水处理负面影响的途径分析。

本书由西安建筑科技大学金鹏康和王晓昌共著，具体分工如下：第 1 章由王晓昌撰写；第 2 章由金鹏康和广州市市政工程设计研究总院王广华撰写；第 3 章由金鹏康和石烜撰写；第 4 章由金鹏康撰写；第 5 章由金鹏康、王湧和石烜撰写；第 6 章由金鹏康、王晓昌撰写。感谢硕士研究生乔芳婷、杨珍瑞和常海东等在成果整理过程中所付出的辛苦劳动。

由于作者水平有限，书中难免存在不妥之处，恳请广大读者批评指正。

目　　录

彩图

第1章 绪 论

城市污水系统通常由三大部分构成：污水管网、污水处理设施和处理水最终处置设施。污水管网的主要作用在于污水收集与输送，将污水全量送至污水处理设施；污水处理设施的作用在于污染物的去除与分离，使处理水达到排放或再利用的水质要求；处理水最终处置设施的作用在于处理后水的消纳，使其安全排入受纳水体或得到不同途径的再利用。

完整的城市污水系统的雏形始于 19 世纪中期，且以污水的化学处理（1846年首例使用石灰进行化学处理的专利获准）、生物过滤处理（始于 1890 年）和活性污泥处理（1913 年首例实验，1916 年首例工程）的应用为标志。但是，污水收集、输送与排放的历史却要长得多，可以追溯到公元前 3000 多年的美索不达米亚王朝的陶土管排水，我国也在周朝之前就有了沟渠排水和陶土管排水的记载。近代的管道排水始于水冲厕所（water closet）的应用（1596 年始于英国王宫），且到1790 年才出现真正意义上的污水管道系统（sewer）。欧洲城市早期建造污水管道系统完全是从城市卫生的角度考虑的，即通过能连接到住户的管道，将以厕所排水为主的污水进行收集，通过管道迅速排至城市或住区之外，使住区的卫生环境得以保证。从这个意义上讲，污水管网的作用就是污水的收集与输送，这种认识一直延续到现在。

随着城市化的发展，城市污水系统的规模越来越大，逐渐形成了覆盖整个城市庞大的污水管网。加之污水处理设施通常都设置在城市外围，污水的输送距离也越来越长。在一些城市，管网收集的污水从始端到末端（即污水处理厂）的距离长达数十公里，污水在管内的流动时间达数小时乃至 10～20h。因此，值得关注的问题是，在这样长距离、长历时的输送过程中，污水中所含的各类污染物会经历怎样的迁移转化过程？这一过程对后续的污水处理又会产生怎样的影响？

对于上述问题，目前国内外尚无系统性的研究，也缺乏科学的解答。在城市污水管网的设计计算中，关注的主要问题有两个，一是管网的输水能力，它与管径和坡降密切相关；二是管道流速，它关联到是否会发生管道淤积的问题。一般来说，只要污水管网具有足够的输水能力，且不会发生管道淤积，它的污水收集与输送作用就能够得到保障。因此，在城市污水系统的建设和发展中，管网的设计一直仅做水力计算，没有关注污水输送过程中污染物的变化问题。

实际上，有充分理由把城市污水管网不仅看作一个水力输送系统，也看作一个反应器系统。第一，污水管网所输送的物料不是惰性物质，而是具有活性的物质，如污水中所含的有机物和氮、磷等营养物都是会发生反应的化学物质；第二，与专门用于有机物、氮、磷去除的污水处理过程相比，污水在管网中的水力停留时间足够长，在时间尺度上具备发生化学反应的条件；第三，管道内的城市生活污水属于复杂的多相体系，气、液、固相并存，具备有利于化学反应的多元界面条件；第四，污水中含有大量的微生物及微生物繁衍所需的养料，只要环境适宜就会有活性微生物聚集，发生生物化学反应；第五，污水管网内流态复杂，加之污水中含有多种尺度的固相物，难免发生局部淤积和滞流，形成促进污染物转化的多样化微环境。因此，污水管网不仅是一个反应器系统，而且是一个相当复杂的反应器系统，有必要进行专门研究。

作为一个实际意义上的反应器系统，城市污水管网置于污水处理设施之前，与后者构成一个反应器体系，且可视为串联的反应器体系，前者的出流为后者的入流。然而，与设置于污水处理厂的处理设施不同，城市污水管网内可能进行的物理、化学、物理化学或生物化学反应是某种条件下自然发生的，并非按照一定目的设计的反应过程。也就是说，城市污水管网内可能发生的污染物迁移转化过程具有很大的不确定性，且难以控制。这是本书所涉及的问题迄今并未受到广泛关注，且缺乏深入研究的主要原因。但是，只要城市生活污水在管网收集和输送过程中发生了污染物浓度和性质的变化，这种变化必然会对后续的污水处理过程产生影响。因此，这确实是一个值得重视但却缺乏关注的问题。

一方面，对于城市生活污水，其悬浮固体（suspended solid，SS）浓度一般为 $200\sim300mg/L$，而 SS 中的有机质含量可达到 75%，其中 2/3 以上属于可沉淀去除的有机物。由此可推测，如果管网内发生悬浮固体物沉积，相当一部分悬浮性有机物就不会输送到污水处理厂。另一方面，从城市生活污水中所含有机物（包括悬浮性和溶解性有机物）的组分来看，蛋白质成分占 40%～60%，碳水化合物占 25%～50%，脂肪类约为 10%。一般来说，蛋白质分子不稳定，比较容易降解；一些碳水化合物的分子比较稳定，不太容易降解，如淀粉；脂肪类分子更为稳定，也不容易降解。因此，如果管网内发生生物化学反应，相对易降解的有机物就可能优先得到降解或发生分子结构变化，这会对进入污水处理厂的有机物构成产生较大影响。此外，城市生活污水中，原始的氮主要是有机氮和氨氮，大部分的有机氮以氨基酸的形态存在并与蛋白质大分子结合在一起，随着蛋白质的分解，有机氮将转化为无机态的氨氮，在具备生物氧化的条件下，氨氮的硝化反应也会在管网中发生，从而进入污水处理厂的污水氮组分就可能与原始污水的氮组分大不相同。

近年来，城市污水处理厂升级改造是我国水环境界普遍关注的重要问题。大量研究及工程实践表明，处理水一级 A 达标所面临的困难往往不在于化学需氧量（chemical oxygen demand，COD）的有效去除，而主要在于总氮的有效去除，且碳氮比偏低是污水生物处理设施反硝化效率低的重要原因。为此，不少污水处理厂不得不通过投加化学碳源来强化污水生物脱氮，从而增加了操作的复杂性，也增大了污水处理成本。从国外的报道来看，低碳氮比似乎并非世界各国面临的共性问题，而是我国的一个特殊问题。对城市污水而言，包括粪便在内的生活污染物是碳（即有机物）和氮的主要来源，生活习惯的不同可能导致污水中碳和氮的比例不同。但是，欧美国家与我国差异大可以理解，而同属于亚洲，且生活习惯差异并不大的日本、韩国等也鲜有污水碳氮比失调的报道，这就促使研究人员不得不认真研究我国城市污水处理厂进水碳氮比失调的各种原因，其中污水的管网输送过程就是一个极其重要的环节。

在过去的一个世纪，以活性污泥法为核心的污水生物处理技术得到了长足发展，在起初的好氧生物处理的基础上，逐渐发展了包括缺氧、厌氧处理及多种组合工艺在内的各种活性污泥法，从而实现城市生活污水中有机物和营养盐的同步有效去除。此外，膜技术在污水处理领域的应用也带来了膜生物反应器等高效污水处理技术的发展。从城市水污染控制的角度讲，高效的污水处理需要有高效的污水收集及向城市污水处理厂的安全输送来配合。因此，随着城市的发展和污水处理厂数量的增多和规模的扩大，城市污水管网系统的建设规模也相应扩大，建设水平不断提升。但是，就其主要作用而言，城市污水管网建设的目的在于污水的收集与输送，因此污水在管网输送过程中的水质变化问题既不属于管网工程的范畴，也不属于处理工程的范畴。

本书作者长期从事给水处理、污水处理和再生利用领域的研究。从污水是可用水资源的新视点出发，将饮用水领域"从水源到水龙头"关注水质安全保障全过程的理念应用于污水领域，即全面关注从污水产生、收集、管网输送、污水处理，到排放或回用这一全流程的水质变化规律。这是作者以大量研究工作为基础，完成本书撰写的重要原因。

一个城市庞大的污水管网拥有相当大的流动空间，接受大量含有各种污染物的来水，污水在管网系统中又有足够长的水力停留时间，它就具有一个反应器的属性。基于对城市污水管网的这一认识，本书借鉴生化反应器研究的一般方法，从污水管网系统的输入条件（水量与水质）、物理化学过程（固态物沉积与溶解物释放）、微生物学过程（微生物繁殖与代谢）和生物化学过程（污染物转化与降解）等层面进行深入分析，最终落脚到城市污水管网输送对后续污水处理过程的影响问题。

第 2 章　城市污水管网水质及水量的变化特性

2.1　城市污水管网运行状况分析

2.1.1　城市污水管网运行状况

排水管网担负着城市污水排放的重要环节，是连接用户出水和污水处理厂的主要桥梁，普遍认为污水管网只是起到一个污水传输作用（郑国辉，2012）。但实践表明，污水在城市管网运输过程中，管网的水质、水量同季节类型、天气情况及特别事件等因素存在一定的关系，也与其所处的管网类型结构息息相关（陈爱书等，2000）。

城市污水管网从等级上可分为主干管、干管和支管，分别承担不同阶段的污水运输工作。在城市污水运输的全过程中，污水从用户排放至支管，再由支管汇流至区域干管，最终收集至城市污水主干管，流向城市污水处理厂，各级管路之间的管网运行状况存在明显差异（田文龙等，2006）。

在陕西省西安市分别选取具有代表性的主干管、干管和支管为研究对象，对城市污水管网中污水的 COD、总磷（total phosphorus，TP）、总氮（total nitrogen，TN）、氨氮（NH_4-N）和硝氮（NO_3-N）等水质指标以及水量进行长期监测，结果如图 2.1 所示。可以看出，在大多数月份西安市排水管网中的 COD 浓度基本维持在 300～1000mg/L，TN 在 40～60mg/L，TP 在 7～15mg/L，NH_4-N 在 20～60mg/L，NO_3-N 在 1～4mg/L；支管流量在大多数月份保持在不足 0.005m^3/s 的较低水平，干管流量除 9～11 月，大都在 0.02～0.04m^3/s，主干管流量在大多数月份保持在 0.02～0.06m^3/s。

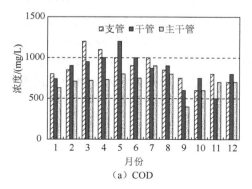

（a）COD

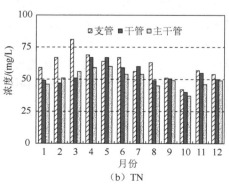

（b）TN

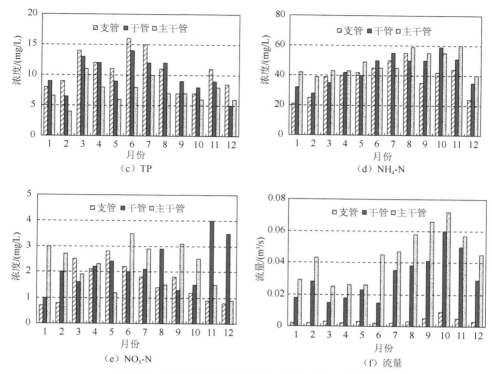

图 2.1　西安市不同级别管道水质及水量变化特性

　　从全年的水质变化来看，三种等级管道污水的污染物浓度（COD、TN 和 TP）在 9 月和 10 月相比其他月份较低，这是由于 9 月和 10 月是西安市每年的集中降雨期，雨水较为充沛。在初期降雨时，降水形成的地表径流会对路面形成冲刷并且管道内流量骤升，部分沉积物被冲起，形成二次污染，在这一阶段管道内的污染物指标会短暂上升。但随着降雨的持续增长，大量雨水涌入管道，初期雨水的冲刷作用减弱，雨水对管道内污水的稀释作用开始成为主导，管道内污水的污染指标逐渐降低，因此西安市每年的 9 月和 10 月排水管网内污水的污染指标较低（赵磊等，2008）。通过全年管道流量变化也可以看出，9 月和 10 月排水管网的污水流量明显高于其他月份。

　　由图 2.1 可以看出，管网中污水从支管流向干管再到主干管的过程中，COD 浓度总体有较为明显的降低，TN 和 TP 略有降低，而 NH$_4$-N 有所升高，NO$_3$-N 无明显规律，这与后续研究中排水管网沿程水质的变化规律基本一致。这种水质变化主要是由于管道中的生物膜作用和污水运输过程中的污染物沉积作用引起的。同时，污染物的降低幅度呈现支管高于干管高于主干管的规律，这是由于排水管网中的流量由主干管到干管再到支管明显减少，在夜间等用水低峰期，支管甚至呈无水断流的状态，而污染物在低流量缓流状态下显然更容易发生沉积作用；而主干管与干管中由于流量大、流速快，也容易对管网中的沉积物产生冲刷作用，导致沉积物中的污染物冲刷释放，一定程度上削弱甚至抵消掉生物膜对污染物的分解作用，使得污染物在主干管和干管中的降低幅度低于在支管中的降低幅度。

从图 2.1 中还可以看出，污水在从支管到主干管的运输过程中，水质指标在整体降低的趋势中也存在一些波动，其原因主要在于污水在管网的运输过程中存在多次汇流，这些汇流水质、水量的变化在一定程度上都会对管网中污水的水质产生影响，从而产生了波动。

2.1.2　不同气候条件城市污水管网运行状况

从宏观层面来看，区域的气候特征也会对排水管网的运行状况产生影响，本书分别选取我国北方与南方的省会城市西安市及昆明市，调查其城市污水管网的运行状况。两座城市在气候、地理条件上具有明显的差异，西安市为典型的北方平原城市，平均海拔 400m，地势平坦，四季分明，冬季干燥寒冷，春季温暖，夏季炎热多雨，秋季凉爽湿润，全年降雨量较为均匀；昆明市为典型的南方山地城市，平均海拔 2000m，地势起伏，高差较大，气候温和，雨季、旱季明显，11 月到次年 4 月为旱季，降雨期一般为 5～10 月，6～8 月为主要降雨期，且多大雨、暴雨，降水量占全年的 60% 以上，易发生洪涝灾害。

西安市和昆明市的排水管网修建年代都比较久远，且主城区多数以雨污合流的排水体系为主，以雨污合流形式直接排入漕运明渠；而新城区雨污分流改造均较为成功。

在西安市和昆明市分别选取长度大约 5km 的管道，从每条管段的前端至末端共设置了 9 个取样点，涵盖了该管段的支管、干管与主干管部分，支管流量保持不足 $0.008m^3/s$，干管流量在 $0.03～0.06m^3/s$，主干管流量达 $0.06～0.10m^3/s$，对其管网中污水的 COD、TN、TP、NH_4-N 和 NO_3-N 等水质指标以及水量进行了长期监测，结果如图 2.2～图 2.7 所示。可以看出，昆明市的排水管网中的 COD 浓度基本维持在 300～900mg/L，TN 在 30～60mg/L，TP 在 6～12mg/L，NH_4-N 在 30～50mg/L，NO_3-N 在 1～4mg/L。

总体而言，西安市管网中污水的污染物浓度略高于昆明市，但流量小于昆明市，表明两座城市的污水管网水质特性存在差异，可能有以下几点主要原因。第一，两座城市气候的差异。昆明市的平均年降雨量为 1031mm，西安市则为 594mm，降雨量的巨大差异导致两座城市污水管网中的雨水量也有很大差别，昆明市的排水管网相比西安市存在更为频繁的雨水稀释作用。第二，昆明市常年湿热温和的气候比西安市冷热交替、极端温度差大的气候更适宜管网中微生物的生长，进而在管网中形成更多的生物膜，这些生物膜在管网中对污染物缓慢分解，也可以起到降低污染物浓度的作用。第三，两座城市居民生活习惯的差异。由于昆明市年平均气温较高，居民的洗浴用水量高于西安市，而洗浴用水较其他生活污水的污染物浓度较低，大量洗浴用水进入排水管网，稀释了排水管网中的污染物浓度。

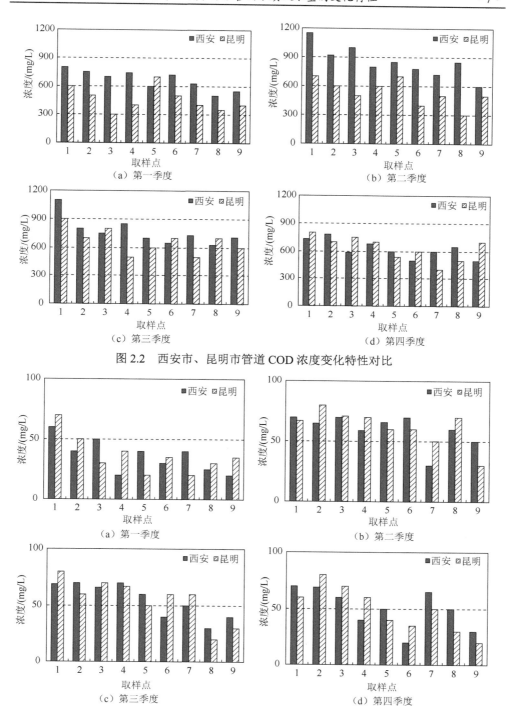

图 2.2　西安市、昆明市管道 COD 浓度变化特性对比

图 2.3　西安市、昆明市管道 TN 浓度变化特性对比

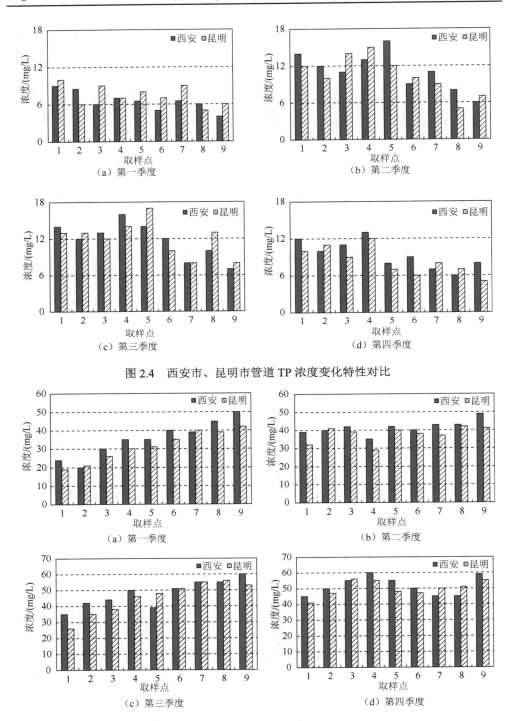

（a）第一季度

（b）第二季度

（c）第三季度

（d）第四季度

图 2.4 西安市、昆明市管道 TP 浓度变化特性对比

（a）第一季度

（b）第二季度

（c）第三季度

（d）第四季度

图 2.5 西安市、昆明市管道 NH₄-N 浓度变化特性对比

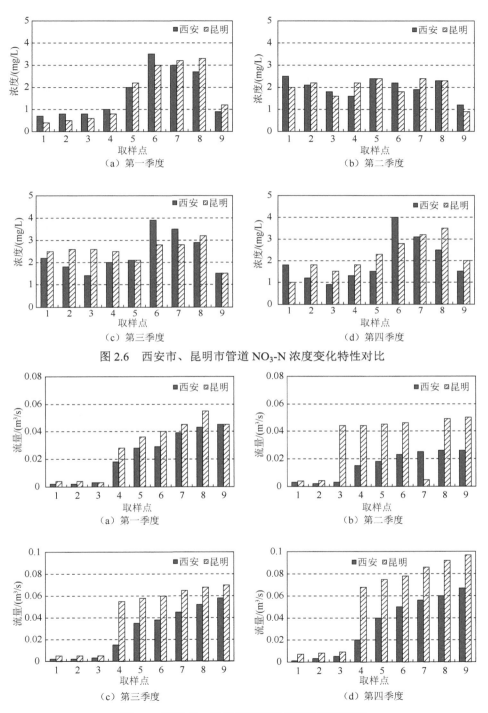

图 2.6 西安市、昆明市管道 NO₃-N 浓度变化特性对比

图 2.7 西安市、昆明市管道流量变化特性对比

从图 2.2～图 2.7 还可以看出，两座城市的排水管网内污水的污染物浓度在第一季度较其他三个季度低。第一季度是全年平均气温最低的时段，这表明南北方城市在排水管网的运行中存在共性，即每年的低温时期管网内污水污染物含量较低。这些现象的产生一方面可能与低温气候城市居民的用水习惯有关，另一方面则是较低温度影响了管网中生物膜的代谢作用。

2.2　不同排水体制下管网水质及水量的变化特征

2.2.1　我国排水体制概述

目前，我国主要存在的排水体制有直排式合流制、全处理式合流制、截流式合流制、不完全分流制、完全分流制和截流式分流制，其主要工作原理如图 2.8 所示（郑国辉，2012）。

根据我国城市污水管网的实际调研结果，目前最为典型且应用最广泛的排水体制为截流式合流制和完全分流制两种。

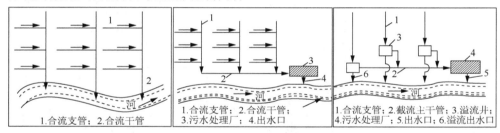

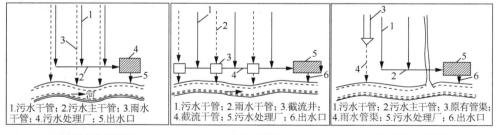

图 2.8　不同排水体制主要工作原理

2.2.2　完全分流制污水管道的水质及水量变化特性

城市污水管网系统是连接用户和污水处理厂的中间环节，越来越多的研究表明，城市污水在管网运行过程中，由于管道内生物膜、颗粒态物质的沉积及厌氧消化等作用，水质、水量在发生一系列复杂的变化，污染物浓度也在发生变化（陈辅利等，2000）。选取西安市一段 5km 左右完全分流制管道为研究对象，如图 2.9 所示，对城市污水管网中污水 COD、TN、TP、NH_4-N 和 NO_3-N 等水质指标以及水量进行了长期监测，结果如图 2.10 所示。沿程 5km 等距离设置 9 个取样点，编号为 1～9，同时 3～4 取样点、5～6 取样点、7～8 取样点间有汇流污水流入，汇流点编号为 3.5、5.5 和 7.5。

图 2.9　选取的西安市一段 5km 左右完全分流制管道示意图

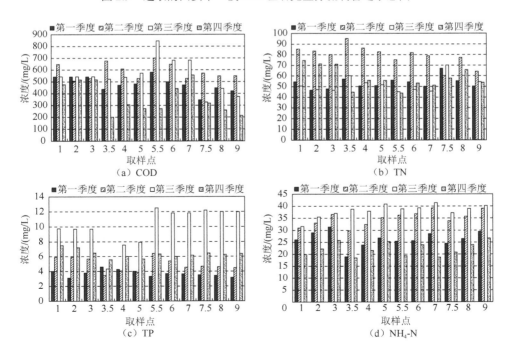

（a）COD

（b）TN

（c）TP

（d）NH_4-N

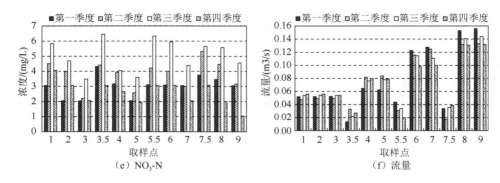

（e）NO₃-N　　　　　　　　　　（f）流量

图 2.10　完全分流制管道水质及水量变化特性

由图 2.10 可以看出，在没有污水汇入情况下，污染物浓度变化较小，水量波动较小。而当有污水汇入时，污染物浓度会因汇流污水的污染物浓度而出现大的波动，并且由于污水汇入的影响，管网中污水水量在持续增加。

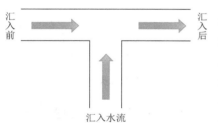

图 2.11　污水汇入点水质沿程变化计算公式示意图

由图 2.10 还可以看出，在整个变化过程中，水质与水量的变化是紧密联系在一起的，汇入水量也决定着水质变化。因此，研究城市污水管网水质变化情况时，不能单纯研究污染物浓度变化规律，必须借助流量来进行整体计算，从而得到有效的研究数据。对此，提出了如图 2.11 所示的汇入点水质沿程变化计算方法，通过在没有污水汇入的情况下水质沿程变化量与有污水汇入时污染物浓度变化量之和，与距离的比值来量化污水汇入前后的水质变化情况，具体见式（2.1）。

$$C_{3理论} = \frac{Q_1 C_1 + Q_2 C_2}{Q_3} \qquad (2.1)$$

式中，$C_{3理论}$ 为污水汇入后理论计算污染物浓度，mg/L；C_1 为汇入前实际测量污染物浓度，mg/L；C_2 为汇入点实际测量污染物浓度，mg/L；Q_1 为汇入前实际测量污水流量，m³/min；Q_2 为汇入点实际测量污水流量，m³/min；Q_3 为汇入后实际测量污水流量，m³/min。

在计算出 $C_{3理论}$ 后，$C_{3理论}$ 与 $C_{3实际}$ 的差值就是污染物浓度在污水汇入前后的变化量，而在监测段没有汇入情况时，各个监测点污染物浓度的差值即为该监测段污染物浓度变化量。在计算出所有污染物浓度变化量后，其污染物浓度变化量的加和即为整个典型管段的污染物浓度变化量，从而能够计算出整个典型管段的污染物浓度沿程平均变化量。

根据上述计算方法可以得出，完全分流制管道中 COD 浓度在每千米平均降低了 38.6mg/L，TN 浓度在每千米平均降低了7.4mg/L，TP 浓度在整个沿程过程中变化不明显，而 $NH_4\text{-}N$ 在整个沿程过程中呈现增长趋势，每千米平均增加了 3.1mg/L，硝氮浓度在每千米平均降低了 1.5mg/L。

2.2.3 截流式合流制污水管道的水质及水量变化特性

1. 正常天气情况下截流式合流制污水管道的水质及水量变化特性

以西安市一段 5km 左右截流式合流制污水管道为研究对象，对其污水中的 COD、TN、TP、$NH_4\text{-}N$、$NO_3\text{-}N$ 等水质指标及水量进行长期监测，结果如图 2.12 所示。

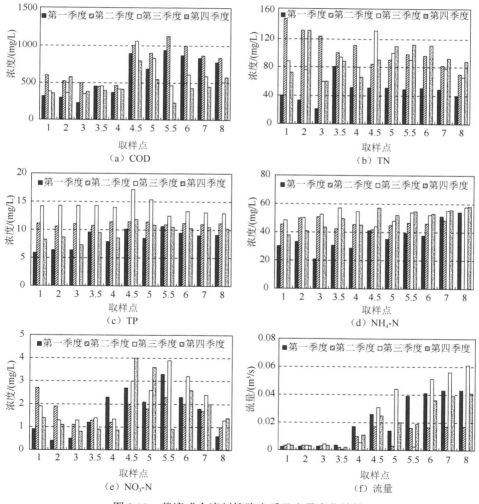

图 2.12　截流式合流制管路水质及水量变化特性

按照同样的计算方法，可以得到截流式合流制管道中污水污染物浓度沿程平均变化为：COD 浓度平均每千米沿程降低 26.7mg/L，TN 浓度平均每千米沿程降低 6.5mg/L，NO_3-N 浓度每千米沿程平均降低 0.8mg/L，TP 浓度在整个沿程过程中变化不明显，而 NH_4-N 浓度在整个沿程过程中呈增长趋势。

由此可知，无论是截流式合流制管道还是完全分流制管道，污染物浓度在沿程均会发生变化，这种变化并不是由于汇入污水稀释造成的，而是由于污染物在管道运输过程中管壁生物膜作用造成的；或者由于污染物吸附在污水中颗粒态物质表面，而颗粒态物质在污水流动过程中发生碰撞、拦截等情况下，产生沉淀作用，从而致使城市污水管网系统中污染物浓度的沿程降低。对比截流式合流制污水管道和完全分流制管道的水质及水量变化特性还可以发现，完全分流制污水管网的水质沿程变化量要明显高于截流式合流制管段，其中 COD 浓度降低量高出44%，TN 浓度降低量高出 14%，NO_3-N 浓度降低量高出 87%。

2. 降雨情况下截流式合流制污水管道的水质及水量变化特性

分析比较合流制管道中城市污水在正常天气和大气降水作用下各个监测点的总 COD（total COD，TCOD）、溶解态 COD（soluble COD，SCOD）、TN 和 TP 的浓度变化情况，结果如图 2.13 所示。

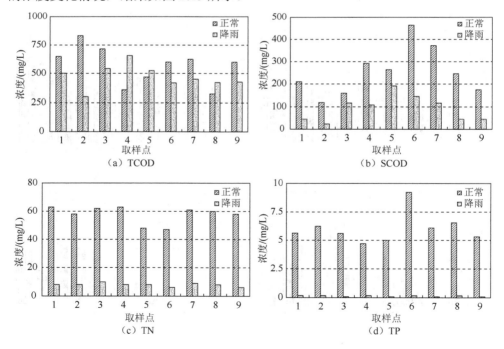

图 2.13　正常及降雨天气 TCOD、SCOD、TN 和 TP 浓度变化对比图

由图 2.13 可知，除取样点 4、5、8 外，其余各观测点在降雨情况的 TCOD 浓度略小于正常天气情况，但各观测点降雨天的 SCOD 浓度却明显小于正常天气。在正常天气下，SCOD 浓度平均占 TCOD 的 48%左右，而在降雨情况下 SCOD 浓度平均占 TCOD 的 19%左右。对于合流制污水管网中 TP、TN 而言，在降雨作用下二者浓度明显降低，其中 TP 浓度在降雨时平均降低 97%，TN 浓度在降雨时平均降低 85%。

在降雨情况下，雨水进入合流制污水管网系统中，由于携带了大量的悬浮性污染物质，造成了 SCOD 降幅远大于 TCOD 的降幅，且流量流速较大，对管道底部沉积物进行了强冲刷，使管底沉积物中污染物再次进入水中，从而造成了 TCOD 浓度变化较小，SCOD 浓度变化较大（Gironás et al., 2010）。而 TN、TP 浓度的显著降低则说明雨水对地面冲刷所引入的 N、P 等营养盐的作用微弱。当然由于地区差异、土质差异及降雨量差异，合流制污水管网中污染物迁移转化可能变化也不尽相同。

2.3　城市污水管网中污染物沉积情况

城市排水管网系统在长期的运行过程中，由于设计不合理或运行管理不完善等原因，排水管道内极易发生 SS 的沉淀及淤积现象。相关调查显示，我国城市排水管网的沉积现象较为普遍，管道内沉积问题已经成为城市管网系统中不可忽视的关键问题之一。例如，北京城区 60%的排水管道内存在沉积物，其中 50%以上的管道沉积物厚度与管径比超过 10%（李茂英等，2008）；广州市一些淤积严重至损坏的排水管道管底纵剖线呈锅齿状，排水功能只有最初的 1/4～1/3（王淑梅等，2007）。因此，大部分城市为防止排水管道淤积，避免影响雨季正常排水，每年要对城市排水管道开展两次及以上清淤工作，大型管道一般 3 年左右清淤一次，对于中小型管道或者地势平坦城市来说，甚至需要每月清淤 1～2 次。

淤积问题作为排水管道实际运行中的主要问题之一，严重影响了城市排水系统的正常运行，其危害主要包括：①管道淤积可降低排水管道的排水容量，增大水流阻力，甚至造成局部堵塞。Rocher 等（2003）指出管道排放系数（discharge factor）会随着沉积层厚度和粗糙度的增大而大大减小，从而引发降雨期间上游管道漫溢、路面积水及房屋掩水（Banasiak et al., 2005）。Nalluri 等（1992）的研究结果显示，在有沉积物存在的情况下，排水管道内的水流阻力为 6～7N/m^2，约为无沉积物存在情况下的 6 倍。②排水管道沉积物中富含有机物，且多处于缺氧或厌氧条件，高浓度有机物质在硫化细菌等微生物的作用下，经过一系列生化反应能产生如 H_2S、CH_4 等有毒有害气体，影响正常的管道维护工作（De Muynck et al., 2009）。此外，生成的 H_2S 也极易腐蚀管壁导致管道结构的破坏，降低管道使用寿命。③雨天排水系统过流排放时，会将沉积物中积累的大量污染物带入自然水体中，此污染负荷易引发河道局部黑臭，对受纳水体的水环境构成威胁（杨丽华，2003）。Chebbo 等（2004）对法国 Le Marais 地区合流制排水系统的调查研究发现，在合流制管道的溢流污染中，60%～95%的有机污染物，5%～99%的 Zn，90%～100%的 Cd、Cu 和 Pb 等重金属污染均来自管道内的沉积物。

综上所述，城市排水管道沉积现象严重影响了城市的正常运行和居民生活，加速了城市水环境的恶化，同时也暴露了排水系统在设计、管理以及运行中存在的诸多问题，亟待改善解决。

2.3.1　城市污水管网沉积现状

为了更加客观地说明沉积物的沉积规律，研究随机抽取了 9 种典型区域约 37km 的污水管道，共 279 个检查井，调研面积 13km^2。上述区域不仅包含了主干管、干管和支管中变径、转向、汇水等状况（其中 52 段调研管路为排水主干管，84 段调研管路为排水干管，129 段管路为排水支管），也包含了老式居民区、新居民区、城中村、商业区、校园等功能区，管道主要为钢筋混凝土管道，局部地区为铸铁管和 PVC 管，管径范围在 300～1200mm。与此同时，污水从用水单位流出至支管，再一次经过干管、主干管，并最终流入污水处理厂进行处理。因此，按照排水主干管（DN1000-1200）、排水干管（DN800-500）和排水支管（DN600-300）三种类型的管路进行监测分析。

关于沉积物的分析，在传统沉积物观测方法的基础上，结合了管道闭路电视监测系统与声纳监测技术，采用管道机器人进行沉积物厚度监测，如彩图 2.14（a）所示。该机器人装有声呐探头，在管网运行过程中，声呐探头可以测得管底沉积物厚度实时数据，如彩图 2.14（b）所示。该方法可以定量测量沉积物的厚度，与此同时，通过哈希 sigma950 型流量计测量管道的水深、流速及流量信息。

在调研的 13km^2 范围内的 37km 污水管道和 279 个检查井中，经过分析计算，排水管网沉积现象普遍。80%的管道存在沉积现象，另外 16%的管道存在少量沉积物，仅不足 5%的管道没有沉积现象发生。完全分流制和合流制两种排水体制中，合流制污水管道的沉积现象占调研管道的 86.8%，分流制污水管道的沉积现象占调研管道的 71.4%。

由表 2.1 可知，合流制管道沉积物的沉积量普遍大于分流制管道，说明合流制管道较分流制管道更易于沉积。一般情况下合流制管道水深、流速均小于分流制管道，这些因素致使合流制管道中悬浮物沉降率高于分流制管道，同时降低了水流冲刷的影响，使悬浮物更容易沉积；另外，合流制管道水流量部分来自于雨水汇流，水中含有更多的悬浮态颗粒，同时大量大颗粒无机砂石等物质带入管道内，增加了颗粒整体沉降性，这些物质所构成的沉积物底层物质密度与粒径都较大，难以在管道中迁移运动，使沉积物整体相对比较稳定。

表 2.1 样方区域沉积概况

样本数量/个	管道类别	管径/mm	排水体制占比/%		管道沉积量/%	
			合流制	分流制	合流制	分流制
52	主干管	1000～1200	54.5	45.5	14±4	11±3
84	干管	500～800	60.8	39.2	21±11	17±9
129	支管	300～600	72.6	27.4	27±15	19±10

2.3.2 不同因素对污水管网沉积状况的影响

1. 不同类别管道沉积情况分析

将调研数据中各个管路进行分类，根据不同类别管道内沉积物沉积量（沉积物厚度与管径的比值），统计不同级别管道沉积情况直方图和概率分布图，结果见图 2.15。

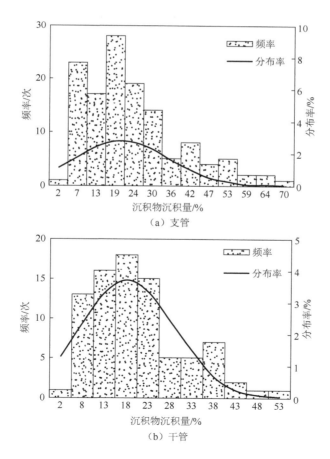

（a）支管

（b）干管

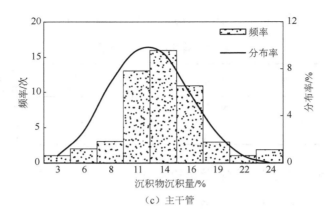

（c）主干管

图 2.15　各级管段沉积量概率直方分布图

由图 2.15 可以看出，排水支管沉积量在 1.7%～66.3%，平均沉积量为 21.2%；排水干管沉积量在 2.4%～48.7%，平均沉积量为 17.8%；排水主干管沉积量在 3.1%～22.4%，平均沉积量为 12.4%。总体上管道平均沉积量呈现支管>干管>主干管的分布规律，说明支管和干管比排水主干管平均沉积量大，更容易发生沉积现象。从沉积量正态分布概率密度函数可以看出，沉积量分布离散程度 σ 值也呈现支管>干管>主干管的规律，说明支管沉积量分布较为分散，容易出现淤积堵塞情况，而主干管沉积量分布较为集中，占管径 10%左右，过流情况较好。

根据管道中的沉积量，可将其分为四类情形：①沉积物极少（<3%）；②沉积物存在（3%～20%）；③淤积（20%～50%）；④沉积物堵塞管道（>50%）。依照上述分类，根据图 2.15 计算可以得出，城市污水管道的 52.1%存在沉积物，11.1%的管道发生淤积，1.7%的管道会发生严重堵塞现象。

结合调研的各种管路沉积量情况发现，排水主干管整体良好，不会对管道过流造成较大影响。但局部的排水干管和支管沉积非常严重，沉积量超过 40%，会引起管道堵塞与淤积。

2. 不同类别管道沉积物日变化分析

调研期间对于不同类别管路的沉积物变化进行 24h 连续监测，研究管道沉积物厚度和沉积量日变化情况。经分析，调研区域内各汇水区域功能区分布较为相似，汇水区域内地表径流系数可近似看成一致，且根据调研资料该区域内排水管道坡度均为 0.1%～0.2%，因此认为调研区域内相同类别的管段所对应的汇水区特性相同，汇水面积相似。在该区域内选取典型管段进行沉积物监测，结果如图 2.16 所示。

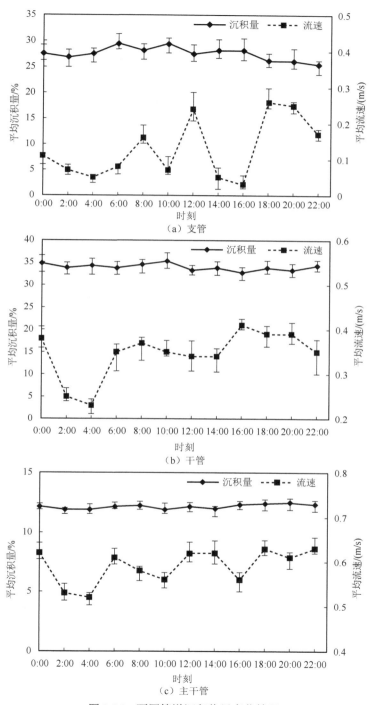

（a）支管

（b）干管

（c）主干管

图 2.16　不同管道沉积物日变化情况

　　由图 2.16 可知，排水支管和干管沉积量日变化较大，主要由于其直接连接用水用户，水流时变化性大，易受水流强度、流向和稳定性等因素影响，管段内出现沉积和冲刷的概率高。在排水低谷时，管道平均流速较慢，水流挟沙能力相对较弱，水流中的污染物颗粒发生沉积的概率大于污染物颗粒随水流迁移的概率；在排水高峰时，管道平均流速较快，水流挟沙能力较强，加之沉积物在排水低谷时厚度的增加，过流断面缩小，管壁附近水流湍流强度逐渐增加，水流中的污染物颗粒发生迁移的概率大于发生沉积的概率。

　　对排水主干管而言，其沉积量日变化较小。由于主干管污水流量及流速比较大，水流对沉积物携带与传递作用增强，同时管路过流情况较好，管径较大，水流紊流强度小，流态较稳定，管道内污染物颗粒的沉积与冲刷水平相近，管道沉积与冲刷处于一种动态平衡，沉积量也较小。

3. 沉积物与排水管径的变化关系

　　选取调研区域内管道情况较好，水力条件较为通畅的一路管线，包括各级管路系统（支管、干管、主干管），测定其沉积物厚度与沉积量变化情况，如图 2.17 所示。

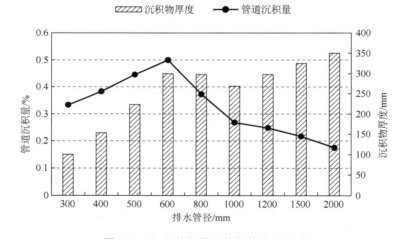

图 2.17　沉积物与排水管径的变化关系

　　总体上看，排水管道内沉积物厚度随着管径的增加而增加，说明当流量、坡度变化不大时，管径的增大使污水与管壁接触面积增加，局部流速降低，使得污水管越容易沉积更多的悬浮颗粒物；此外污水管道在大流量流速冲刷下，会使管道表层沉积物发生迁移，随水流沉积到下游管路。600mm 管径的管路沉积量较大，其他排水管道内沉积量随着管径增加而减小，说明由于不同管段管道中流量流速有较大差异，一般管径越大与之对应的管道内水流流量流速也越大，较大的流速会对水体中固体悬浮物质沉降产生影响，并对管底沉积物产生一定冲刷作用。因此，管道管径越大越不容易发生淤积与堵塞的情况，管径越小的管路越容易堵塞。

4. 城市污水管道易于沉积点分析

对调研区域内不同情形的管道沉积物进行分析，并按照管道初始段、管道末端、管道中段、管道汇流处和管道拐弯处等类别归类，发现沉积易于发生的区域为管道汇流点后及拐弯处。选取调研区域内管路系统的拐弯处以及汇入点为监测点，根据沉积量的划分，分别统计各点位前后 5m 内的沉积物厚度变化情况，结果如图 2.18 和图 2.19 所示。

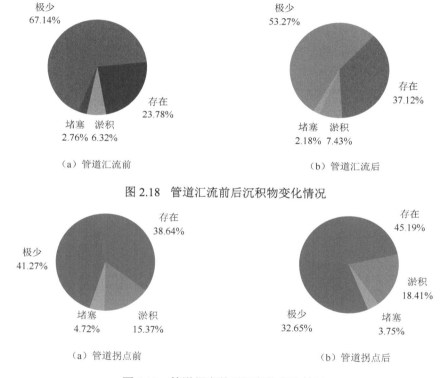

图 2.18　管道汇流前后沉积物变化情况

图 2.19　管道拐弯前后沉积物变化情况

由图 2.18 可以看出，从汇流点前到汇流点后，沉积物极少（<3%）的管段比例从 67.14%下降到 53.27%，沉积物存在（3%～20%）的管段比例从 23.78%升高到 37.12%，说明在汇流后容易发生沉积。主要由于在汇流处时，水流与管壁发生碰撞，汇流对于主流有一定的冲击作用，使得交接处局部区域流速过大产生紊流，水体中固体悬浮物无法继续沉降，固有的沉积受到冲刷。而汇流后水流趋于稳定，管径逐渐增大，水流挟沙能力下降，污染物颗粒发生沉积的概率增高。

从图 2.19 可以看出，从拐弯点前到拐弯点后，沉积物极少（<3%）的管段比例从 41.27%下降到 32.65%，沉积物存在（3%～20%）的管段比例从 38.64%升高到 45.19%，沉积物淤积（20%～50%）的管段比例从 15.37%升高到 18.41%。这一结果表明拐弯后管段沉积量增大，水体中污染物颗粒发生沉积的概率升高。由于水体在流向发生改变时产生强烈搅拌，水体中悬浮物的运动发生改变。从平缓迁移变为碰撞沉积，局部流速急剧改变，污染物颗粒在碰撞后损失了动能，大颗粒悬浮物沉降性增加，因此在拐弯点之后局部区域沉积物厚度明显增加，且拐弯角度越小，沉积增加量越明显。

5. 汇水区域性质对管道沉积物的影响

将调研区域按不同功能划分为商业区、居住区、文教区和综合服务区等多种城市典型的功能区域。统计不同功能区域内排水管道沉积物平均厚度和平均沉积率，结果如图 2.20 所示。

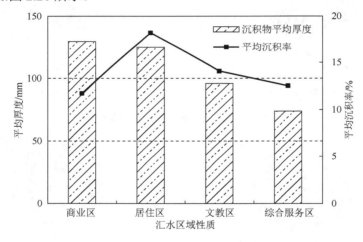

图 2.20　不同汇水区域性质的管道沉积状况

由图 2.20 可知，各类汇水区域由于各自所属功能区不同，各自的排水规律以及沉积状况也有所不同。沉积物平均厚度大小排序为：商业区＞居住区＞文教区＞综合服务区，在 73～131mm 范围变化。平均沉积率则与具体汇水区域的排水特性相关：商业区和综合服务区管道平均沉积率普遍较低，最低为 11.09%，而居住区和文教区域管道平均沉积率较高，最高达到 17.62%，这是由于商业区和综合服务区用水量具有显著的时变化性，导致流量及流速时变化较大，加之用水人口较为密集，初始规划时所铺设管径较大，因此管道平均沉积率较低；而居住区和文教区的用水时变化不如前两者明显，区域所连接的管段一般为次级支管，管径变化不大，因此管道平均沉积率较高。

2.3.3　不同功能区域沉积物性质对比

1. 不同功能区管道沉积物的基本性质

表 2.2 为不同功能区域沉积物的性质对比。由表可知，不同功能区沉积物干密度存在明显差异，表现为商业区>综合服务区>文教区>居住区，在各功能区内部主干管和干管的沉积物密度明显大于支管。

表 2.2　不同功能区沉积物基本性质

功能区	管道等级	干密度/(g/cm³)	含水率/%	VSS/TSS	粒度分布/μm			比表面积/(m²/g)
					D_{10}	D_{50}	D_{90}	
文教区	主干管	2.285	61.14	19.17	13.34	83.03	453.03	0.45
	干管	2.075	53.02	16.14	9.01	56.69	471.76	0.26
	支管	1.835	55.08	20.87	5.11	38.60	258.51	0.34
商业区	主干管	2.251	32.12	13.05	39.01	400.97	766.24	0.14
	干管	2.105	22.93	14.76	20.59	195.12	483.22	0.08
	支管	2.136	38.45	12.53	8.70	82.86	488.92	0.26
居住区	主干管	1.709	71.69	23.47	5.54	30.85	149.82	0.55
	干管	1.591	73.04	24.5	5.17	32.30	187.43	0.52
	支管	2.006	71.99	16.73	4.58	23.24	132.63	0.61
综合服务区	主干管	2.211	52.66	6.84	3.09	17.95	61.79	0.86
	干管	2.417	46.67	7.04	3.20	20.02	74.25	0.79
	支管	2.411	52.32	7.07	3.40	20.53	97.49	0.89

注：TSS 为总悬浮固体（total suspended solid）；VSS 为挥发性悬浮固体（volatile suspended solid）。

各功能区之间 VSS/TSS 的关系为居住区>文教区>商业区>综合服务区，与我国其他学者研究结果基本一致，可见生活污水中有机质含量较高且易于沉积。通过对沉积物有机质含量 γ（以 VSS/TSS 表征）和干密度 ρ 进行线性分析，得出 $\rho = -4.529\gamma + 2.755$（$R^2 = 0.981$），说明有机质含量与沉积物干密度呈负相关。同时，各功能区之间沉积物含水率大小关系为居住区>文教区>综合服务区>商业区，与有机质含量大小关系基本一致，可见有机质大多与水结合赋存在沉积物中。

不同功能区沉积物粒径空间差异性明显，大小关系为商业区>文教区>居住区>综合服务区，其中除商业区外其他功能区 D_{50} 多集中在 20～100μm。

2. 不同功能区管道沉积物常规污染物含量

不同功能区管道沉积物常规污染物含量见图 2.21。由图可以看出，不同功能区之间 COD、TN 和 TP 含量存在明显差异，其中 COD 含量差异表现为居住区>文

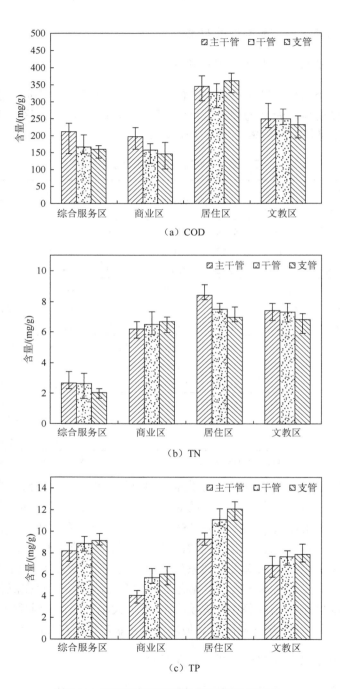

图 2.21　不同功能区管道沉积物污染物含量

教区>综合服务区>商业区。居住区和文教区有机物含量高与该区域污水主要来自于生活污水有关。对于 TN，综合服务区含量明显低于其他三个功能区，研究表明城市污水管网污水中氮主要以有机氮形式存在，而综合服务区污水来源中洗涤废水、餐饮废水和化粪池出水含量较少，沉积物来源以道路扬尘和降雨径流冲刷为主，无机成分较多，因此沉积物中氮含量较少。各功能区 TP 的含量大小关系表现为居住区>综合服务区>文教区>商业区。

不同等级管道之间，沉积物中污染物含量也存在差异，其中由支管至主干管，COD、TN 含量无明显规律，TP 含量略有减小，这与氮磷在污水管网中的主要迁移形态有关，其中氮元素主要为溶解态，而磷主要为吸附颗粒态在传输过程中更易沉积。而在城市污水管网中，由支管、干管至主干管，污水流速与流量同步增大，因此相比支管与干管，主干管内部的 TP 迁移效率更高，沉积较少，沉积物中磷的含量也相应较少。

不同功能区管道沉积物 TN 和 TP 在不同粒径段的分布特征见图 2.22。由图可以看出，综合服务区与居住区的氮类污染物多集中在大粒径段，而商业区的氮类污染物集中在中小粒径段，文教区在各粒径段分布较为平均。结合各功能区之间沉积物的粒径大小特征为商业区>文教区>居住区>综合服务区，可以得出 TN 的分布并不集中于该功能区的粒径中段，而是受其他的沉积物性质影响，可能与该功能区的污水水质有关。而 TP 在不同功能区的粒径分布虽然略有差异，但大多分布在 30~37μm 的细小颗粒上。沉积物中 TP 的含量一般受两个因素的影响：管道污水中 TP 浓度与沉积物颗粒粒径。综合服务区污染状况良好，但沉积物中 TP 含量高主要是由于该区域沉积物颗粒细腻，粒径较小，利于 TP 吸附，商业区则由于沉积物颗粒粒径较大，TP 吸附较少。

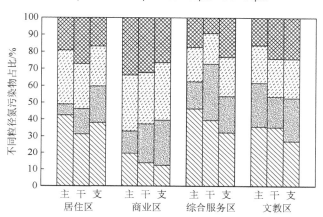

（a）TN

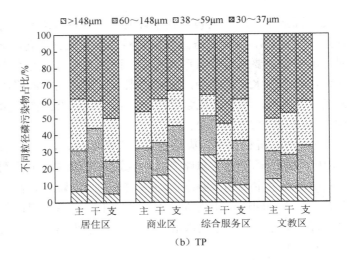

（b）TP

图 2.22　不同功能区管道沉积物中 TN、TP 在不同粒径段的分布特征

3. 不同功能区管道沉积物重金属含量

不同功能区管道沉积物重金属含量分布见图 2.23 及表 2.3。从图 2.23 及表 2.3 可以看出，不同功能区之间沉积物重金属的含量差异较大，用内梅罗计算式得出的综合污染指数评价不同功能区重金属污染强度为：商业区（9.79）>居住区（6.03）>文教区（4.60）>综合服务区（2.25）。污染强度与交通繁忙程度呈正相关，商业区沉积物受重金属最为严重，Cu、Zn、Pb、Cd 四种重金属含量分别为 309mg/kg、766mg/kg、197mg/kg、2.86mg/kg，这些重金属主要来自制动器、轮胎、车体、燃料及润滑油等。相关研究表明，汽车尾气中的重金属通过吸附到空气中的颗粒物上，沉积后再通过道路浇洒、降雨等形成地面径流，汇入污水管道，造

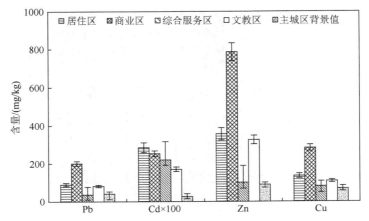

图 2.23　不同功能区管道沉积物四种重金属含量分布

成重金属的富集（赵剑强，2002）。除商业区之外，剩下三个区域沉积物重金属含量与有机质含量基本一致，可见有机质对重金属具有较强的络合能力，重金属以不同形式进入或吸附在有机颗粒上，与有机质络合生成复杂的络合态金属，这种络合态金属绝大多数被固定在沉积物中，性质较稳定且不易释放。

表 2.3 排水管道沉积物重金属含量及平均累计指数

项目	Pb 含量 /(mg/kg)	Cd 含量 /(mg/kg)	Zn 含量 /(mg/kg)	Cu 含量 /(mg/kg)	综合污染指数 P_{ij}
综合服务区	44.0	2.4	74.4	70.4	2.25
商业区	197.0	2.9	766.0	309.0	9.79
居住区	84.6	4.0	392.0	155.0	6.03
文教区	86.9	1.5	354.0	121.0	4.60
主城区背景值	41.0	0.3	90.0	69.0	—
平均累计指数	2.3	10.0	4.4	2.4	—

Pb、Zn 与 Cu 在不同功能区排水管道沉积物的含量分布规律为商业区>居住区>文教区>综合服务区，说明 Pb、Zn 与 Cu 污染来源可能一致，主要来自于道路上的汽车。表 2.4 对比了昆明市与北京市、重庆市之间排水管道沉积物重金属含量，可以看出这三座城市排水管道中沉积物的重金属含量存在明显差异，对于 Pb含量，北京市与重庆市较为接近且高于昆明市；Cd 表现为昆明市＞北京市＞重庆市；Zn 和 Cu 大小关系为：北京市＞昆明市＞重庆市。重金属含量差异可能受南北城市气候、地质差异，以及取样区域的交通和水质状况等影响。

表 2.4 不同城市管道沉积物重金属含量对比

城市	Pb 含量 /(mg/kg)	Cd 含量 /(mg/kg)	Zn 含量 /(mg/kg)	Cu 含量 /(mg/kg)
北京	154.0	1.8	2079.0	479.0
重庆	151.0	0.8	271.0	77.5
昆明	93.2	2.7	396.6	163.9

2.3.4 南北方典型城市沉积情况与影响因素分析

选取西安市和昆明市作为南北方典型城市对比分析沉积情况，结果见图 2.24。总体上看，两市排水管网中沉积现象都比较严重，西安市 79% 的排水管路存在沉积现象，昆明市 76% 的管路存在沉积现象。

西安市和昆明市不同级别管路（主干管，干管，支管）中沉积物的沉积率有所差异（图 2.25）。西安市排水主干管沉积量较小，约占管径 10%；排水干管和排水支管沉积率较大，占管径 20% 左右，沉积量分布集中于 10%～30%，少部分超过 30%。昆明市整体各级别管路沉积量均高于西安，排水支管平均沉积量较西安市高出 16.3%，排水干管平均沉积量较西安市高出 6.1%，排水主干管平均沉积量较西安市高出 3.3%，并且各级管路中沉积量呈现离散分布，管道水力情况差且淤积的管路较多。这主要由于昆明市旧有单位和小区多采用合流制的排水系统，雨污分流管网改造的增设情况差，生活污水和雨水均通过同一管渠输送，加之昆明市降雨频繁，雨季较长，沉积物冲刷与积累频繁发生，旱季所积累的地表颗粒物容易随雨水进入管网中，而暴雨来临时又容易被冲刷携带溢流走，导致了管网中沉积物的不稳定性；同时昆明市地形起伏，管网坡度变化较大，也增加了沉积物在管网中的不稳定性。

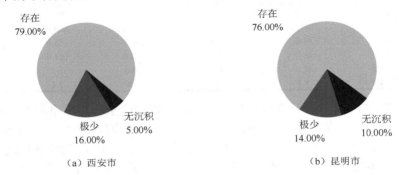

图 2.24　西安市和昆明市排水管网沉积情况

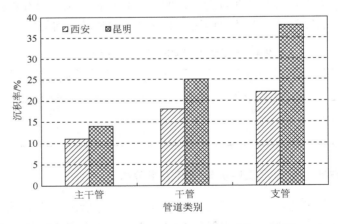

图 2.25　西安市和昆明市不同类别排水管网沉积情况

2.4　城市污水管网运行中存在的问题

现阶段我国城市污水管网系统还存在诸多弊端，如缺乏前瞻性的污水处理及完善的系统规划，排水系统的各部分被看作相互独立、互不联系，对各组成部分的设计、运行、管理和维护也是独立进行。部分污水管道设计不尽合理，管径偏小，不能满足现时的排水需要。虽然我国大部分地区已基本建成比较完备的排水系统，但排水管网的运行和管理还相对比较落后，对排水管网的上述运行特性的认识还有待深入。此外，把控制点的液位以及严重的管道堵塞现象作为城市污水管网安全运行的重点，很少考虑管网内水量及水质的来源和变化，相应的针对性的运行措施几乎没有。

城市排水管网运行维护中的主要问题还包括以下几点：第一，管网数据不系统，缺乏全面的管网资料，管网系统整体规划性差，养护、监测技术落后；雨污分流不彻底，由于历史原因，城区部分居民自建房、住宅小区内部存在着雨污混接、乱接等现象导致雨污分流不彻底，造成部分雨水经污水管网被输送到污水处理厂，增加了污水处理设施运营成本，降低了污水处理厂的运行效率。第二，竣工验收不规范，污水管道工程属于隐蔽工程，如果不加强施工过程的监理或采用相应设备对其进行检查，问题难以发现。第三，管网淤积严重，由于污水主管及部分支管未定期进行维护与清疏，而截流式污水管网的生活垃圾及合流管的泥沙含量大，导致管道淤积严重。第四，管理力度不够，污水管网属于地下设施，在污水处理厂未接管前，原有部分管理单位对污水管网缺乏维护，未能定时疏通，造成部分污水管排水不畅；且一些已建设的污水管网产权不清，处于无人管理的状态，甚至出现有的建设单位也无法说清污水管道管径多大，是否存在断头或封堵的情况。这些问题的存在都不利于现有城市排水管网的维护管理，使得建成的管网无法发挥其应有的作用。

在科学研究方面，大多数研究人员对城市排水管网中的沉积物和有毒有害气体进行了研究，对城市排水管网的水质变化情况和污染物分布规律研究得很少。由于城市排水管网内部运行状况非常复杂，不断地有其他污水汇入，对其中的污水水质变化影响很大，因此人们对城市排水管网中水质变化情况和污染物分布情况认识并不清楚，对引起污水水质变化的机理还不明了，这也是本书将着重阐述的内容。

参 考 文 献

陈爱书, 张荣铨, 2000. 34 例急性硫化氢中毒调查分析[J]. 中国工业医学杂志, 30(3): 29.

陈辅利, 丛广治, 2000. 利用排水沟渠处理污水技术研究[J]. 中国给水排水, 16(9): 12-16.

陈湛, 2000. 昆明市排水系统的发展及面临的问题[J]. 云南民族学院学报(自然科学版), 9(3):176-178.

李茂英, 李海燕, 2008. 城市排水管道中沉积物及其污染研究进展[J]. 给水排水, 34: 88-92.

田文龙, 敖良根, 2006. 利用下水道管渠空间处理城市污水的探讨[J]. 西南给排水, 28(4): 17-19.

王淑梅, 王宝贞, 曹向东, 等, 2007. 对我国城市排水体制的探讨[J]. 中国给水排水, 23(12): 16-21.

杨丽华, 2003. 城市排水体制中存在的问题及对策[J]. 山西建筑, 16: 43.

赵剑强, 2002. 城市地表径流污染与控制[M]. 北京: 中国环境科学出版社.

赵磊, 杨逢乐, 王俊松, 2008. 合流制排水系统降雨径流污染物的特性及来源[J]. 环境科学学报, 28(8): 1561-1570.

郑国辉, 2012.污水管网中污水 COD 浓度模型的建立及应用研究[D]. 广州: 广东工业大学.

BANASIAK R, VERHOEVEN R, DE SUTTER R, et al., 2005. The erosion behaviour of biologically active sewer sediment deposits: observations from a laboratory study[J].Water Research, 39(20): 5221-5231.

CHEBBO G, GROMAIRE M C, 2004. The experimental urban catchment 'Le Marais' in Paris: what lessons can be learned from it?[J]. Journal of Hydrology, 299(3-4): 312-323.

DE MUYNCK W, DE BELIE N, VERSTRAETE W, 2009. Effectiveness of admixtures, surface treatments and antimicrobial compounds against biogenic sulfuric acid corrosion of concrete[J]. Cement and Concrete Composites, 31(3): 163-170.

GIRONÁS J, ROESNER L A, ROSSMAN L A, et al., 2010. A new applications manual for the storm water management model (SWMM)[J]. Environmental Modelling&Software, 25(6): 813-814.

NALLLURI C, ALVAREZ E M, 1992. The influence of cohesion on sediment behavior[J]. Water Science&Technology, 25(8): 101-164.

ROCHER V, AZIMI S, MOILLERON R, et al., 2003. Biofilm in combined sewer wet weather pollution source or/and dry weather pollution indicator[J]. Water Science & Technology, 47(4): 35-43.

第3章 城市污水管网污染物的沉积与释放特性

3.1 城市污水管网污染物沉积特性

3.1.1 污水管道中沉积物的形成规律

沉积物汇入污水管道主要有三种途径，一是来自城市不同汇水面的固体颗粒物随雨水径流冲刷进入排水管道；二是污水管道中悬浮物的沉降；三是管道中已有沉积物在大流量冲刷下的迁移和释放。以无机颗粒为主的沉积物，大多来自地表和大气沉降；以有机颗粒为主的沉积物，主要来源于生活污水，生活习惯和饮食结构的差异会使生活污水水质变化，使得不同地区管道沉积物的影响各不相同。雨水径流中的颗粒物主要来自屋顶、停车场、路面和绿地等汇水面的降雨冲刷及大气沉降等，其中大气沉降是城市暴雨径流中有毒有害污染物质的重要来源，也是城市汇水面固体颗粒物的主要来源（Hilts，1996；Cotham et al.，1995）。而来源于生活污水中的固体颗粒物一般有三个途径：首先是人类粪便中的小粒径残渣和有机颗粒；其次是厨卫垃圾中的大粒径残渣和有机颗粒；最后还有一些塑料袋、树枝等物体，这类物体很容易造成管道堵塞，严重威胁着城市污水管道的正常运行（Ashley et al.，1992）。

1. 城市污水管道污染物冲刷与释放模拟系统

在实际城市污水管网运行过程中，除每天的生活用水高峰期外，管道中的污水在大部分时间流速较为缓慢，而缓流状态会导致污水所携带的物质发生沉降现象，这也是管道沉积层形成的主要原因。为进一步探明沉积层形成过程的规律，建立污水管道沉积与释放模拟系统，模拟管道及检查井的材质均采用有机玻璃材质，便于观察模拟管道内水流状况及冲刷与沉积情况。实际城市污水管网大多采用钢筋混凝土管，为模拟钢筋混凝土管的粗糙度（一般粗糙度值在 0.3～3mm，本书将钢筋混凝土管的参考粗糙度值设为 1.2mm），对模拟管道内壁适当打磨以控制管道沿程阻力系数及雷诺数，使其管内粗糙度接近于实际混凝土管，确保模拟管道的流动特性与实际污水管道一致，如表 3.1 所示。

表 3.1　模拟管道粗糙度

管道类型	沿程阻力系数λ	雷诺数 Re	粗糙度 e/mm
模拟管道	0.0318	571533.8	1.351
钢筋混凝土管	—	—	1.2

如图 3.1 所示，建立模拟管道实验装置，管径为 200mm，总有效长度 32m，模拟管段有四层，层与层之间通过尺寸 $D \times H$ 为 400mm×600mm 的圆柱形检查井连接，同时管段连接处均采用法兰及橡胶圈密封，确保装置的严格密封性；模拟管道上每层设置出水阀和取样口，以便取样分析；装置顶部检查井内设有挡水溢流堰，以保证水流流态；在顶部检查井内设排气口及排气阀，使进水的同时排走管内空气，保证污水溶解氧（dissolved oxygen，DO）小于 0.5mg/L；装置用铸铁架支撑，坡度可调节；模拟管道及检查井均采用 2cm 厚的保温材料将其包裹，以模拟实际污水管网避光恒温的环境；循环水箱尺寸为 1500mm×1600mm，水箱外设置有外筒，通过水冷方式保证循环水箱内污水温度与原始污水温度相接近。管道模拟装置材料的规格、材质等，如表 3.2 所示。

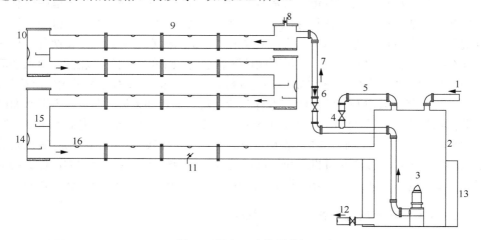

图 3.1　城市污水管道模拟示意

1. 城市污水；2. 循环水箱；3. 潜水泵；4. 调节阀；5. 回流管；6. 转子流量计；7. 进水管；8. 排气阀；9. 有机玻璃管道；10. 检查井；11. 出水阀；12. 排水管；13. 冷却外筒；14. 检查口；15. 溢流堰；16. 取样口

表 3.2　模拟系统附属设施及材料

名称	材质	规格	数量	单位	备注
潜水泵	—	Q=80m³/h，H=10m	1	台	置于循环水箱内
潜水泵	—	Q=25m³/h，H=30m	1	台	置于调节池内
进水管	PVC 管	DN80	—	米	
排水管	软管	DN50	—	米	
蝶阀	—	DN80	2	个	安装在进水管和回流管上
闸阀	—	DN50	1	个	安装在排水管上
球阀	—	DN25	1	个	安装在模拟管道上
球阀	—	DN32	1	个	安装在排气管上
冷却外筒	钢板	1.8m×1.8m	1	个	
配电箱	—	—	1	个	
支架	铸铁	—	1	套	

通过控制进水管和回流管上的阀门开启度，调节水流流速和流量，且流量的调节范围为 0～50m³/h。实验装置运行前，打开装置顶部检查井上设有的排气阀，通过下潜到粗格栅前端调节池内的潜水泵抽取一定量污水处理厂前端的城市污水至循环水箱，之后关闭排气阀，利用循环水箱内的潜水泵将污水提升至反应装置顶端的检查井内，在重力作用下污水依次进入后面的模拟管道及检查井，以实现污水的循环利用。

2. 污水管道沉积层形成过程中的理化指标

城市污水沉积与释放模拟管道系统在缓流条件下连续运行（0.15～0.25m/s），污水中悬浮态颗粒物质发生自然沉积，使沉积物厚度不断增加，在系统运行初期沉降速度较快，而随着运行时间延长，沉积层厚度的增加速度逐渐下降。在系统运行 150d 后沉积层厚度基本停止增长，约为 60mm，如图 3.2 所示。

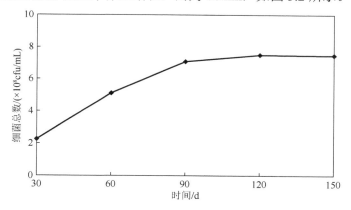

图 3.2　模拟管道中沉积物厚度的历时变化

氧化还原电位（oxidation-reduction potential，ORP）是一个重要的水质指标，它能够综合其他水质指标来反映水族系统中的生态环境，但不能独立反应水质的好坏。水体中每一种物质都有其独自的氧化还原特性，而 ORP 就是用来表征水溶液中所有物质反映出来的宏观氧化-还原性。ORP 越低，还原性越强；ORP 越高，还原性越弱，且"+"电位表示溶液显示出氧化性，"−"电位表示溶液显示出还原性。污水沉积与释放管道模拟系统在密封条件下稳定运行 150d 后，对沉积物层中的 ORP 的变化情况进行检测，结果如图 3.3 所示。结果表明，在沉积物的浅层表面（0～20mm）ORP 的下降趋势较为显著，在沉积层厚度大于 30mm 时，ORP 大约为-300mV 且趋于稳定，因此管道内部环境中还原性越来越强。污水管道沉积物内部处于严格厌氧状态，由于古菌（主要为产甲烷菌）、硫酸盐还原菌在严格厌氧环境中较易实现繁殖增长过程，因此在沉积物层基本稳定之后，管道沉积物中易产生大量的甲烷、硫化氢等有毒有害气体，结果如图 3.4 所示。有毒气体的逸散易对管道产生腐蚀作用，同时威胁着城市居民的生命安全，具体的产生机理和微生物种群分布的特征将在后续章节详述。

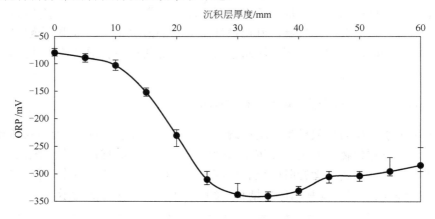

图 3.3　管道沉积物层中 ORP 的变化情况

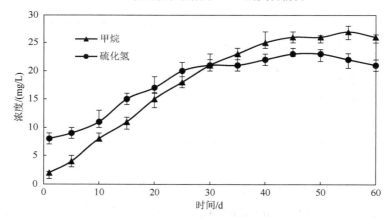

图 3.4　污水管道中产生的甲烷、硫化氢浓度变化情况

3. 污水管道沉积层形成过程中微生物变化特征

污水管道生物膜通常形成于水面附近的管壁上，当一段时间内沉积层不被干扰时，会形成微生物层（Ashley et al., 2004）。随着沉积层的逐渐稳定，可观察到生物膜在沉积层表面上的生长，其中细菌数量接近活性污泥，具有很强的活性（Arthur et al., 1998）。已有研究表明，管道沉积物表层生物膜的形成对污水中污染物的降解会产生较为显著的影响，因此对研究中构建的污水沉积与释放管道模拟系统内生物膜的形成过程进行连续监测，管道沉积物层表面在系统运行过程中逐渐形成明显的生物膜，分别对系统运行 10d、30d、60d、90d、120d 和 150d 的生物膜的形态结构变化进行分析，如图 3.5 所示。

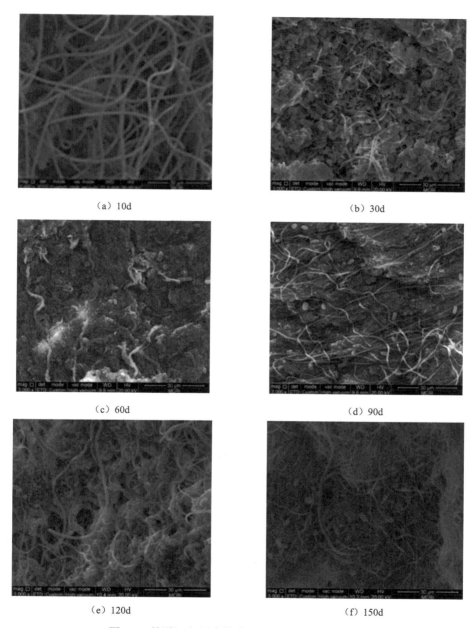

（a）10d

（b）30d

（c）60d

（d）90d

（e）120d

（f）150d

图 3.5　管道沉积层生物膜上微生物形态变化特征

　　由图 3.5 可以观察到沉积物表层生物膜在污水管道模拟系统运行过程中逐渐趋于成熟，并且微生物种群间具有一定的孔隙率。微生物种群之间呈现出的孔洞结构可显著增加生物膜的比表面积，管道污水在流过沉积物表层生物膜时，该孔洞结构内可形成一定的对流态势，使其传质系数增加，由于生物膜中微生物种群可通过扩散作用和从液体中直接吸收的方式获取营养基质，因此沉积物表层生物膜的孔洞结构有助于微生物种群的富集和繁殖，使得沉积物中微生物活动更加活跃。如图 3.5 所示，在生物膜形成的初期，污水中的微生物依靠沉积物表层的粗糙度黏附于其表面，形成一层薄薄的且表面平滑的生物膜结构；随着时间的推移，管壁生物膜生长增厚，生物膜中微生物进行繁殖和进化，同时水流冲刷作用使其部分老化的生物膜片脱落，生物膜厚度逐渐趋于稳定。对于实际污水管道，由于常有汇流的情况发生，并且一天中水流高峰期和低谷期流速差异显著，因此生物膜表面呈现出凹凸不平的松散结构。

城市污水管道模拟系统在缓流条件下经过 150d 的连续运行，监测管道沉积物中细菌总数的变化，如彩图 3.6 所示。结合管道沉积物的形成过程，可以看出，随着沉积物的厚度趋于稳定，管道中细菌总数由运行 30d 的 2.26×10^8cfu/mL 升高到运行 150d 的 7.49×10^8cfu/mL，并基本趋于稳定状态，表明此刻管道中沉积物内部微生物群落丰富，即管道内部环境处于基本稳定状态。同时，通过高通量测序监测结果可知，沉积物中水解型功能微生物的种群相对丰度在运行过程中显著增加，该种微生物种群的富集繁衍可促进沉积物中污染物的分解释放，同时为管道中其他生化代谢反应提供丰富的基质。

3.1.2 污水管道沉积物特性分析

城市污水管道系统类型、污水水质及管道区域特征等因素会直接影响管道沉积物的性质，通常在旱流以及大流量过后流量减小时，受局部的剪切力、管道结构以及沉积床附近悬浮固体的浓度和性质的影响，在管道的特定部位较易发生沉积现象（Banasiak et al., 2005）。同时污水的流量和性质对管道沉积物的形成也有着重要影响，在不同流量以及黏度影响下，沉积物可能发生分层或者混合现象，它们的结构也会因生化反应而变化，因此具有多样性和易变性的特征。

根据管道沉积物的物化性质，已有研究将它们分成底层粗颗粒沉积物（gross bed sediment, GBS）、有机层（organic layer, OL）和生物膜（biofilm）三类（Rocher et al., 2003; Chen et al., 2003；Ahyerre et al., 2001）。GBS 也被称为 Class A 物质，位于排水管道的底部，表现出无机特性，呈黑灰色，颗粒物较粗，直径为毫米级，在管道沉积物中所占比例最大。水中颗粒物发生沉积时，密度较大的砂粒和其他较大的无机颗粒最先发生沉降，在管道底部形成 GBS 层，再经压缩沉积而使密度变大、结构紧密，对水力冲击有很强的抵抗能力。OL 也被称作 Class C 物质或近底层固体（near bed solid）覆盖于 GBS 的上方，由细小颗粒构成，呈棕色，表现出很强的生化特性，冲刷进入自然水体后具有潜在的污染危害（Sansalone, 1996）。OL 的抗冲刷能力较弱，形成于管道底部剪切力（<0.1N/m³）较弱的位置，即使很小的降雨事

件也会使 OL 遭到破坏，为被暴雨冲刷起的悬浮固体的主要部分（Li et al., 2006）。

　　污水管道沉积物中赋存有许多种类的污染物，常见的有易降解的有机物，易引起水体富营养化的 N、P，难降解的油类、脂类物质、带有毒性油烃（PHC）和多环芳烃（PAHs）以及 Pb、Cr 等致癌、致突变和致畸重金属物质等（Bertrand et al., 1993）。这些污染物的含量与沉积物的粒径分布、来源有密切的联系。易降解的有机物质、N、P 主要来自人类生活产生的废弃物和排泄物，难降解的油类、脂类物质、PHC 和 PAHs 以及 Pb、Cr 等重金属物质则主要来源于汽车尾气的排放、轮胎的磨损、汽油不完全燃烧以及燃料或润滑油的泄漏。在合流制排水管道沉积物中，污染物的分布与沉积物的粒径分布密切相关，小粒径的固体微粒由于比表面积大且吸附能力强而聚集了较多污染物。粒径小于 10μm 的颗粒物中，重金属污染物含量最高，且在各不同粒径颗粒物中 Cr 的含量也不容忽视（表 3.3）（Tuccillo, 2006; Nalluri et al., 1992）。

表 3.3　不同粒径颗粒物中重金属污染物的含量及比例

粒径范围/μm	Cd		Cu		Pb		Zn	
	含量/(μg/g)	比例/%	含量/(μg/g)	比例/%	含量/(μg/g)	比例/%	含量/(μg/g)	比例/%
>100	12	18	41	7	104	5	272	7
50~100	11	11	62	8	129	7	419	11
40~50	11	6	57	3	181	10	469	12
32~40	6	5	46	4	463	9	398	10
20~32	5	5	42	4	158	8	331	9
10~20	6	9	81	11	147	14	801	20
<10	14	46	171	63	822	46	1232	31

注：比例是指该粒径范围内沉积物富集污染物的量占总量的比例。

　　为进一步明确沉积物中各粒径范围的污染物含量，对各粒级中赋存的 VSS、氮、磷含量进行了分析测定，如图 3.7 和图 3.8 所示。

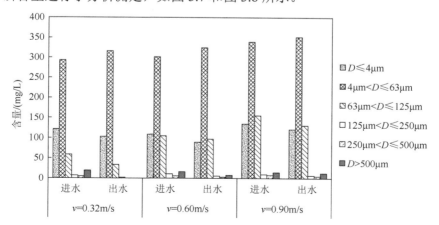

图 3.7　进出水各粒级颗粒 VSS 含量变化

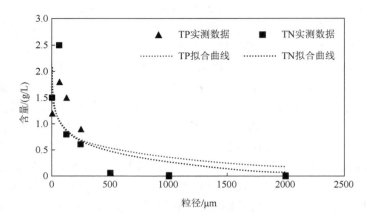

图 3.8　沉积物粒径大小与氮、磷含量关系

不同流量下，4μm<D<63μm（粉砂）所含 VSS 含量最大，占沉积物所含 VSS 总量的 50.94%～69.21%，其次为 D<4μm（黏土），占沉积物所含 VSS 总量的 17%～24%，两粒级范围所含 VSS 占了沉积物总量的 71.30%～91.70%。其余颗粒范围 VSS 含量很低，赋存污染物较少。

通过测定各粒级氮、磷污染物的含量，得到如图 3.8 所示沉积物粒径大小与氮、磷含量的关系，颗粒越小，氮、磷的含量越大，反之则越小。因此，管网内大部分污染物赋存于细颗粒部分，粗颗粒主要以无机颗粒为主。

3.1.3　污水管道内污染物沉积的影响因素

在污水管道不间断运行期间，污水所携带的一部分颗粒污染物会发生沉积，从而对水中污染物的去除起到一定作用。同时，由于水力冲刷作用，污水中的悬浮颗粒物之间会不断发生碰撞、摩擦等，一些大颗粒物质可能在水流剪切力的作用下被削减转化为小颗粒物质。在这个过程中污水的悬浮物浓度及其粒径分布也会发生一定变化，为了进一步明确污水中污染物质沉积的影响因素，对不同水力冲击作用下的污水管道内悬浮物浓度和粒径进行相关测定。

在 0.15～0.25m/s 的缓流条件下不间断地进行循环流动，在沉积层稳定之后，污水中 SS 浓度的变化规律如图 3.9 所示。可以看出，城市污水在缓流状态下的沉积现象严重，污水初始 SS 浓度平均为 544.92mg/L，在管道中流动 14h 后，SS 浓度均有明显下降，平均降低 381.86mg/L。研究认为，在缓流状态下，颗粒物每天在单位长度管道（m）中沉积量为 30～500g（Ashley et al., 2004），该结果与本书结果基本一致。因此，在管道沉积物重新达到稳定状态后，污水所携带的颗粒物在重力的作用下沉降作用明显，导致管道沉积物厚度增加，管道过水断面面积减小，易产生城市污水管道堵塞等问题。

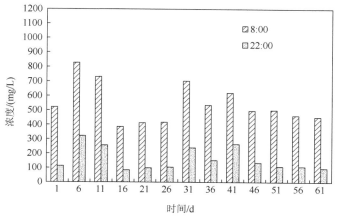

（a）监测期间每天污水中SS浓度变化情况

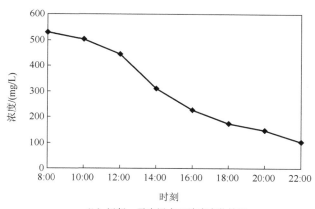

（b）运行一天中污水SS浓度变化情况

图 3.9　缓流条件下污水在管网流动中 SS 浓度的变化规律

　　调节污水管道流速分别增加至 0.3m/s、0.6m/s、0.9m/s，探究不同流速下污水中悬浮物的粒径分布规律，如图 3.10 所示。结果表明，污水中颗粒粒径分布范围较广，从 0.4~1000μm 均有所分布，且基本符合正态分布，经不间断的水力循环，不同流量下的粒径分布都向左偏移，中值粒径逐渐减小，说明大颗粒污染物不断被冲刷而转化为小颗粒。v 为 0.3m/s 时，D_{50} 由 28μm 降至 17.31μm，变化量最大，主要为沉积作用；而当 v 为 0.6m/s 时，D_{50} 由 30.85μm 降至 24.78μm，变化量逐渐减小，同时存在着沉积与冲刷作用；当 v 为 0.9m/s 时，D_{50} 由 33.25μm 降至 32.27μm，沉积作用很弱。因此，不同流速发生不同程度的沉积与冲刷作用。

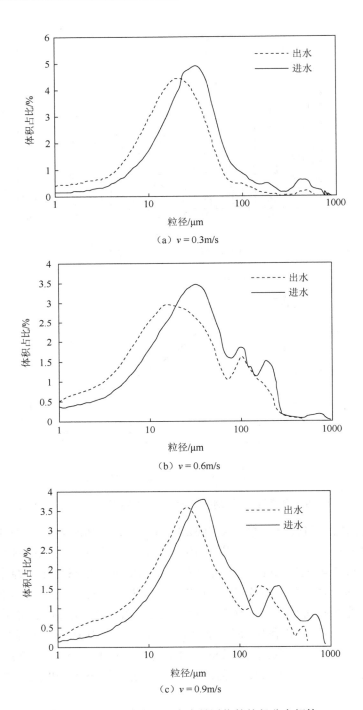

图 3.10 不同流速下污水中悬浮物的粒径分布规律

3.2 城市污水管网污染物释放规律

3.2.1 典型流态下管道污染物在污水-沉积物间的转移转化规律

1. 有机污染物在污水-沉积物间的转移转化规律

众所周知，城市污水中碳源的含量对污水处理厂工艺的稳定运行起到至关重要的作用，因此本小节对模拟污水管道系统中 COD 浓度进行监测。模拟管道装置在缓流状态下连续运行 150d，待模拟管网中沉积物厚度和微生物群落结构稳定后，对固定取样口中污水-沉积物间有机物的转化进行分析，如图 3.11 所示。

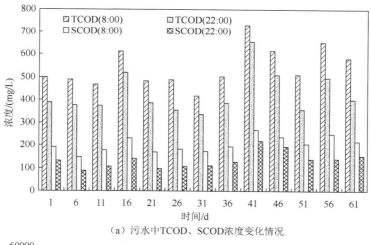

（a）污水中 TCOD、SCOD 浓度变化情况

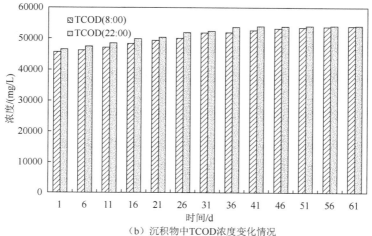

（b）沉积物中 TCOD 浓度变化情况

图 3.11 管网中 TCOD、SCOD 在污水-沉积物间的历时变化

由图 3.11（a）可得，在初始 8:00 时污水 TCOD 浓度为 594.52mg/L，SCOD 浓度为 213.46mg/L，经过不间断的循环流动，在 22:00 时 TCOD 浓度降为 426.60mg/L，SCOD 浓度降为 155.32mg/L。这是由于污水中所携带的颗粒态物质含有较为丰富的碳源，在缓流条件下沉降至管道沉积层中，降低了污水中的 COD 浓度。同时由于沉积物层表面孔隙率较大，吸附性能较强，污水在流动过程中溶解性物质会被沉积物所吸附，因此在经过较长距离的流动之后，污水中 TCOD 与 SCOD 去除率分别为 28.24% 和 27.24%。

沉积物在稳定初期，TCOD 浓度为 45628mg/L，经过污水在管网中连续 60d 的循环流动，沉积物中的 TCOD 浓度升高为 54160mg/L，如图 3.11（b）所示。沉积物中有机物浓度的升高到后续的基本稳定，主要与三种作用有关：一是进水污水中悬浮颗粒物的沉降作用；二是管网稳定运行时水流冲刷作用；三是管网沉积物所形成的密实结构和微生物的降解作用。

挥发性脂肪酸（volatile fatty acid，VFA）属于一类碳原子数小于 6 的高效有机碳源，是快速易降解有机物之一，包括乙酸、丙酸、丁酸和戊酸等，其中乙酸和丙酸是其主要组成部分。研究表明每去除 1mg 氮和磷，需要大量的 VFA，因此对系统中 VFA 的浓度变化进行了分析研究。由图 3.12（a）可得，污水在初始 8:00 时 VFA 的浓度平均为 25.66mg COD/L，经过不间断的运行，在 22:00 时为 30.18mg COD/L，升高了 4.52mg COD/L。由图 3.12（b）可得，模拟管网沉积物在初始 8:00 时 VFA 的浓度平均为 30.58mg COD/L，在 22:00 时为 35.38mg COD/L，升高了 4.80mg COD/L。该结果与污水中 COD 的浓度变化规律呈相反趋势，说明管道沉积物层存在微生物厌氧发酵的过程，产生的 VFA 向污水释放转移。由此可以推断，污水与沉积物之间存在着碳类物质的相互转化过程。待系统运行平稳，沉积物厚度和微生物结构稳定后，沉积物中 VFA 的浓度差值趋于稳定。主要是由于污水流动产生的剪切力，使小部分吸附在无机颗粒上的小分子有机物被冲刷下来；此外，在厌氧条件下，产酸发酵细菌可利用快速生物降解基质发酵产生 VFA，污水管道中颗粒态物质经沉积作用沉降，又受冲刷作用再次携带，水流剪切使其粒径变小，增大了比表面积，促使微生物对其进行水解，VFA 浓度增加。管网沉积物中绝对的厌氧环境（DO 浓度<0.5mg/L）和充足的有机物条件下，有利于产酸发酵菌进行厌氧发酵。

2. 氮类污染物在污水-沉积物间的转移转化规律

近年来，对污水处理厂处理后水的氮、磷浓度的要求不断提高，而管网污水的水质波动势必会对污水处理厂处理效果产生较大的影响，因此本小节对管网污水中氮类污染物的转移转化规律进行探究。由彩图 3.13（a）可看出，污水在初始 8:00 时 TN 浓度平均为 50.89mg/L，在 22:00 时为 46.10mg/L，降低了 4.79mg/L；

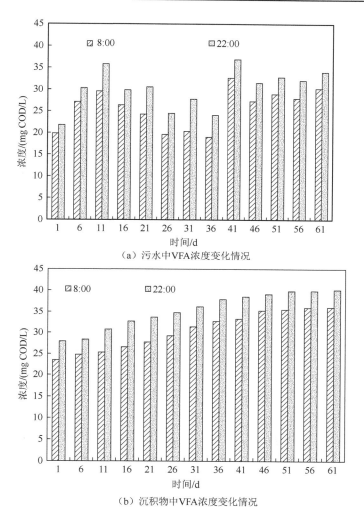

（a）污水中VFA浓度变化情况

（b）沉积物中VFA浓度变化情况

图 3.12　管网中 VFA 在污水–沉积物间的历时变化

在初始 8:00 时 NH$_4$-N 浓度平均为 28.36mg/L，在 22:00 时为 25.59mg/L，降低了 2.77mg/L；在初始 8:00 时 NO$_3$-N 浓度平均为 0.65mg/L，在 22:00 时为 0.24mg/L，降低了 0.41mg/L。其中，NH$_4$-N 浓度可能会由于溶解性有机氮的氨化而增加，但也会因异养菌缺氧生长而减少，抵消其一部分降解。而 NO$_3$-N 浓度的降低说明发生了反硝化作用，且污水管道中 NO$_3$-N 的浓度较低，这是由于管道处于厌氧状态，导致 NH$_4$-N 的硝化过程较难实现，而微生物的反硝化过程较为显著。

　　根据管网沉积物沿程的变化，选取污水管网模拟系统沿程取样口进行研究，如彩图 3.13（b）。结果表明，在管网模拟系统前端，沉积物中 TN 浓度从沉积物稳定初期的 434.92mg/L，逐渐增加到沉积物稳定后的 547.88mg/L；在每天的监测过程中，沉积物中 NH$_4$-N（8:00）浓度平均为 80.89mg/L，22:00 为 85.55mg/L，升高了 4.66mg/L；管网沉积物中 NO$_3$-N（8:00）浓度平均为 0.17mg/L，22:00 为 0.13mg/L，降低了 0.04mg/L。在模拟管网系统后段，测得管网沉积物中 TN 浓度从沉积物稳定初期的 436.15mg/L，逐渐增加到沉积物稳定后的 548.10mg/L；管网沉积物中 NH$_4$-N（8:00）浓度平均为 81.25mg/L，22:00 为 86.96mg/L，升高了 5.71mg/L；管网沉积物中 NO$_3$-N（8:00）浓度平均为 0.20mg/L，22:00 为 0.14mg/L，降低了 0.06mg/L。可以看出在缓流状态下，沉积物中污染物会有显著的富集现象，并且从系统前后的氮类污染物浓度变化可知，模拟管网沉积物中氮类污染物浓度沿程略有增加。

3. 磷类污染物在污水-沉积物间的转移转化规律

由彩图 3.14（a）可知，模拟管网系统的污水进水（8:00）TP 浓度平均为 7.97mg/L，在系统运行 14h 之后（22:00）为 5.88mg/L，降低了 2.09mg/L；而在初始 8:00 正磷酸盐浓度平均为 4.31mg/L，在 22:00 时为 3.07mg/L，降低了 1.24mg/L。磷类污染物的浓度降低是由于污水中所携带的颗粒态物质在缓流条件下沉降至沉积物层之后，使得污水中附着在颗粒态污染物上的磷类污染物浓度降低。

从图 3.14（b）可看出，模拟管网系统前端取样口沉积物中，TP 浓度从沉积物稳定初期的 374.66mg/L，逐渐增加到沉积物稳定后的 480.58mg/L；在每天的检测过程中，管网沉积物中正磷酸盐在 8:00 浓度平均为 127.94mg/L，22:00 为 129.54mg/L，升高了 1.60mg/L。而模拟管网系统后端取样口沉积物中，TP 浓度从沉积物稳定初期的 392.18mg/L，逐渐增加到沉积物稳定后的 481.96mg/L；管网沉积物中正磷酸盐在 8:00 浓度平均为 130.10mg/L，22:00 为 131.68mg/L，升高了 1.58mg/L。由此可看出，磷类污染物在管道沉积物中大量富集，这是由于污水所携带的颗粒态物质随水流迁移沉降，且在污水流动过程中颗粒态物质易沉降至污水管道远端，从而导致污染物质富集于管道系统末端。

3.2.2　不同水力条件下管道内沉积污染物的动态变化特性

1. 不同污水流速管道沉积污染物冲刷释放特性

为研究不同流速下管道沉积污染物的释放变化情况，通过调控管道模拟系统的污水流速（0.1m/s、0.3m/s、0.6m/s、0.9m/s、1.2m/s 5 种不同流速），探究污水中 TCOD、TN、TP 及沉积物厚度的变化规律。如图 3.15 所示，不同流速下管道污水中 TCOD、TN、TP 浓度存在明显差异，且随着流速的增加，TCOD、TN、TP 浓度呈递增趋势，而随着水流冲刷强度的增加，沉积物厚度呈递减趋势。

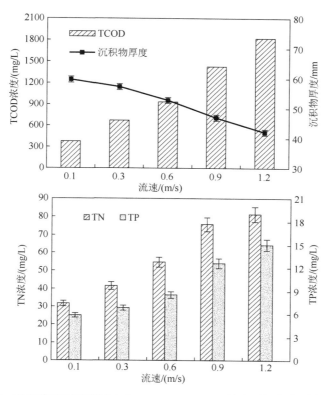

图 3.15　不同流速下管道污水中 TCOD、TN、TP 浓度及沉积物厚度的变化

当水流流速由 0.1m/s 增加到 1.2m/s 时，污水中 TCOD 由 371.33mg/L 增加到 1725.36mg/L，TN 由 31.11mg/L 增加到 81.26mg/L，TP 由 5.82mg/L 增加到 15.04mg/L，污染物浓度随水流增加显著，表明各流速下管道污水中污染物浓度变化与管网中水流冲刷强度存在密切关系。控制管道模拟系统水流流速由 0.1m/s 增加到 1.2m/s 时，不同流速下模拟系统稳定运行 15min 后，沉积物厚度分别减小了 2.8mm、4.6mm、5.6mm、6.2mm、7.6mm，且随着各流速稳定时间的增加，沉积物厚度持续减小，尤其是流速大于 0.6m/s 时表现得更为突出。

由于沉积物底层密度大，抵抗水流作用力强，因此可认为管道中只有有机层和部分生物膜被冲起，并向污水中释放污染物。随着管道流速的增加，水流携带能力增强即冲刷强度增加，污水中污染物颗粒发生迁移的概率大于污染物颗粒发生沉积的概率，使污水中污染物的浓度升高，沉积物厚度减小。

不同流速下管道污水中 TCOD、TN、TP 在不同粒径段的分布特征如图 3.16 所示。由图可知，各流速下管道污水中污染物的粒径分布存在明显差异，同时各粒径段 TCOD、TN、TP 的占比也随流速变化而产生较大差别。TCOD 主要分布在 6～40μm 和 41～100μm 粒径段，其中 41～100μm 粒径段约占 50.16%，由此可知管道中有机污染物易吸附在粒径较大的颗粒物上；由于污水中氮、磷主要以颗粒态存在，而实验测得 TN、TP 的粒径主要分布在粒径≤5μm 的小颗粒污染物上，约占 62.66%和 58.38%，因此可以推测管道中氮、磷易吸附在粒径较小的颗粒物上。

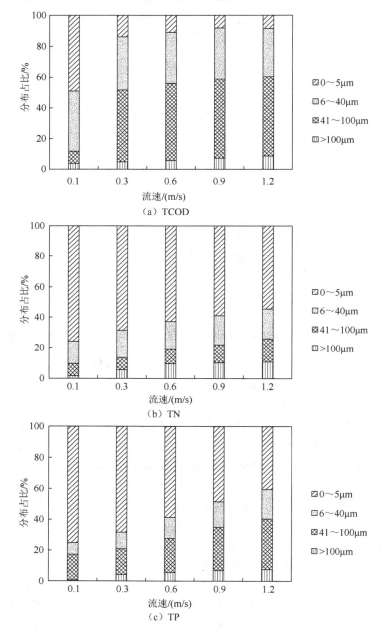

图 3.16　TCOD、TN、TP 不同粒径段分布特征

以污水管道在设计充满度下最小设计流速 0.6m/s 为划分点，对不同流速下管道污水中 TCOD、TN、TP 的粒径变化进行分析。结果表明，当流速小于 0.6m/s 时，污水中较大颗粒态污染物自然沉积，且水流对沉积物的扰动与携带能力有限，仅能冲刷携带走较小颗粒态污染物，造成污水中以小颗粒态污染物（0~40μm）为主，其中 TCOD 主要分布在 6~40μm 粒径段，约占 39.05%；当流速大于 0.6m/s 时，水流对沉积物的冲刷与携带能力较强，沉降下来的大颗粒态污染物再次被水流携带，造成污水中以大颗粒态污染物（>40μm）为主，其中 TCOD 主要分布在 41~100μm 粒径段，约占 51.38%。随着流速的增加，水流冲刷能力增强，以吸附或颗粒态形式沉积下来的有机污染物被冲刷严重，且随着冲刷强度的增大，污水中吸附在大颗粒上的有机污染物占比显著增加。当流速小于 0.6m/s 时，TN、TP 主要分布在 0~5μm 粒径段，约占 75.68% 和 74.60%，当流速大于 0.6m/s 时，污水中 TN、TP 仍然主要分布在 0~5μm 粒径段。由此可知，随着流速的增加，冲刷强度增大，大颗粒污染物被携带概率显著增加，有机污染物浓度升高，且主要集中在粒径较大的污染物质上，同时由于管道中氮、磷主要吸附于小颗粒上，其受水流流速影响较小，基本处于悬浮状态，因此当流速变化时，污水中氮、磷类污染物始终集中在较小的颗粒物质上。

2. 不同污水流速管道沉积污染物沉积与释放的综合评估

在城市污水管道这样一个相对密闭的环境内，会发生污染物的沉积、释放以及微生物降解作用，其水相、沉积相和气相之间发生着各种复杂的物理、化学及生物反应。由于底层沉积物具有很强抵抗力，因此认为只有有机层及部分生物膜会被冲起而释放污染物。就冲刷作用而言，管道中沉积物的径流冲刷作用在几分钟内完成，即发生首次冲刷（the first flush）。在之后的流动过程中，释放作用会逐渐将冲刷起的污染物再次释放到污水中，并随着时间的延长变缓并趋于稳定。因此，认为管道改变流速的几分钟内会发生首次冲刷，此后沉积物不再被冲起，释放作用则发生在被首次冲起的污染物颗粒部分，从而将沉积与释放作用分开考虑。被首次冲起的污染物颗粒，经过长时间、长距离的运输，必将会使冲起的悬浮颗粒继续向管道中释放污染物。由此，可将冲刷释放分为首次冲刷量和继续释放量两部分。首次释放量是污水流过时冲起的污染物量，继续释放量是被冲起污染物在冲刷作用下，颗粒态中附着的溶解态污染物的释放量以及少量的悬浮微生物代谢量。

根据管道中发生的不同作用，在提出上述假设的基础上，用差减法定量计算不同流量下的污染物沉积与冲刷释放量。具体方法为：实验采用两种模式运行，有沉积模式与无沉积模式，分别构建两套如图 3.1 的管道系统模拟装置（A、B），其中装置 A 利用管网中污水进行有沉积模式运行，模拟了正常的污水管道，沉积、释放及微生物降解作用均会发生。装置 B 中,采用 A 中首次冲刷完成后的污水进行无沉积物模式运行,因为管壁无沉积物及生物膜,所以管道中污水只存在沉积和继续释放作用,在每次循环后用清水清洗管道,确保下次循环管壁无沉积。基于上述假设及方法,建立以下公式。

装置 A 中模拟了正常污水管道,因此定义以下各作用量关系式:

TCOD 变化量=SCOD 变化量+DCOD 变化量

$$=沉积量+首次冲刷释放量+继续释放量+微生物降解量 \quad (3.1)$$

式中,DCOD 为溶解态有机物(dissolved COD)。定义管道中 COD 的增加为负,减少为正;其中 SCOD 变化量=沉积量+首次冲刷颗粒态释放量,DCOD 变化量=微生物降解量+首次冲刷溶解态释放量+继续释放量。

装置 B 中各作用量可定义为

TCOD 变化量=SCOD 变化量+DCOD 变化量

$$=沉积量+继续释放量 \quad (3.2)$$

对不同流速下水质变化规律做进一步的分析,如图 3.17 和图 3.18 所示。

在图 3.17 中,装置 A 进水完成后,启动反应器,管道中发生首次冲刷,在 v=0.3m/s 时,进水 TCOD 浓度为 529.51mg/L,DCOD 为 186.42mg/L,首次冲刷后 TCOD 浓度变为 536.01mg/L,冲刷量为 6.50mg/L;在 v=0.6m/s 时,进水 TCOD 为 565.57mg/L,DCOD 为 198.77mg/L,首次冲刷后 TCOD 变为 598.36mg/L,冲刷量为 32.79mg/L;在 v=0.9m/s 时,进水 TCOD 为 598.36mg/L,DCOD 为 253.09mg/L,首次冲刷后 TCOD 变为 647.54mg/L,冲刷量为 49.18mg/L;首次冲刷完成后,管道污水在 6h 循环流动下,发生沉积物的累积释放与微生物共同作用。

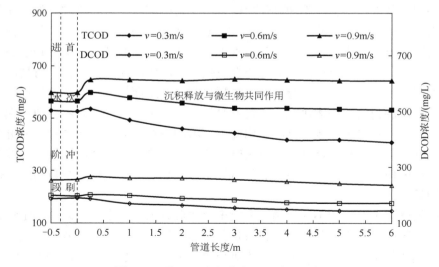

图 3.17　装置 A 有机物在不同流速下变化分析

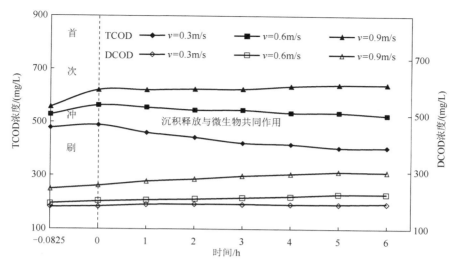

图 3.18　装置 B 有机物在不同流速下变化分析

在 v=0.3m/s 时，进水 TCOD 降低 121.31mg/L，其中 DCOD 降低了 41.98mg/L，可知 SCOD 的减小量为 79.33mg/L，沉积物累积起主要作用；在 v=0.6m/s 时，进水 TCOD 降低了 32.79mg/L，其中 DCOD 降低了 27.16mg/L，可知 SCOD 的减小量为 5.63mg/L，沉积物累积与冲刷释放作用相当；在 v=0.9m/s 时，进水 TCOD 升高了 45.90mg/L，DCOD 降低 17.28mg/L，可知 SCOD 的增加为 63.18mg/L，增加量主要为首次冲刷释放，可知沉积物冲刷释放起主要作用。

图 3.18 所示为装置 B 的 TCOD、DCOD 浓度变化。装置 B 中管壁初始无沉积物存在，有研究表明，生物膜通常形成于水附近的管壁及沉积物表层，而污水管网中的生物降解作用主要发生在生物膜中，因此装置 B 循环过程中的污水的生物降解作用几乎不存在，装置中只有沉积物累积与继续释放作用。在 v=0.3m/s 时，DCOD 升高了 13.09mg/L，可知继续释放量为 13.09mg/L。TCOD 自首次冲刷后降低了 73.89mg/L，由此得出 SCOD 降低 86.98mg/L，即沉积量为 86.98mg/L；在 v=0.6m/s 时，DCOD 升高了 32.71mg/L，可知继续释放量为 32.71mg/L，TCOD 自首次冲刷后降低了 37.33mg/L，由此得出 SCOD 降低 70.04mg/L，即沉积物累积量为 70.04mg/L；在 v=0.9m/s 时，DCOD 升高了 47.36mg/L，可知继续释放量为 47.36mg/L，TCOD 自首次冲刷后升高了 20.75mg/L，由此得出 SCOD 降低 26.61mg/L，即沉积物累积量为 26.61mg/L。

据式（3.1）与式（3.2）的计算方法，结合前面讨论的两反应装置的沉积物累积释放与微生物降解量的分析结果，得出表 3.4 中不同水力条件下，用颗粒态及溶解态有机物变化量分别表征不同作用的贡献量计算结果，并得到各作用贡献率。为便于更为直观地了解各作用，根据表 3.4 的分析结果，将各作用对有机物浓度变化贡献的绝对值相加,得到各作用阶段对有机物变化的贡献图,如图 3.19 所示。由此可知,在流速为 0.3m/s 时,因沉积物累积和微生物降解,有机物浓度分别减少了 71.7%、17.5%,因释放作用使其增加了 10.8%;流速增加为管网设计最小流速 0.6m/s 时,沉积物累积使有机物浓度减少 34.1%,而冲刷释放使其增加 33.7%,沉积与释放作用对有机物含量贡献达到平衡,此时有机物增加主要为微生物降解作用的 32.2%;流速进一步升高为 0.9m/s 时,冲刷释放作用增强,有机物含量增加达总变化的 68.3%,而污染物沉积与微生物降解仅使其含量减少了 19.4% 和 12.3%。

表 3.4　不同作用对有机物贡献的量化分析

v/(m/s)	沉积量/(mg/L)	释放量/(mg/L)	微生物降解量/(mg/L)	TCOD 变化量/(mg/L)
0.3	105.5(55.6%)	27.8(14.6%)	56.4(29.8%)	134.1
0.6	69.0(39.2%)	67.0(38.1%)	39.9(22.7%)	41.9
0.9	34.0(21.4%)	104.2(65.6%)	20.8(13.1%)	49.5

注:表中百分比为有机物在不同途径转化量占比。

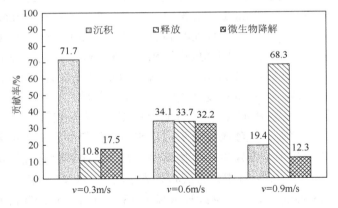

图 3.19　不同作用对有机物变化贡献率

3.2.3　污水管网内污染物沉积与释放途径分析

在污水和沉积物的污染物交换过程中存在着两种转化途径,一种是物理转化途径,即污水和沉积物中原本存在的污染物在重力或水流冲刷的作用下(未发生形态变化)所进行的物质交换过程,具体可称为污染物物理沉积过程(途径①)和污染物物理悬浮过程(途径②);另一种是有微生物参与的转化途径,由于污水以及沉积物中分布着丰富的微生物种群,微生物在管道系统中的代谢活动会导致污水以及沉积物中物质形态发生变化,如氨化、硝化、反硝化作用引起的氮类物质的转化等,当物质发生变化后在污水和沉积物之间进行转化的途径,具体可称为微生物转化后吸附过程（途径③）以及微生物转化后释放过程（途径④）。为进一步明确污水管网中污染物在污水与沉积物之间的物理、生化转化途径，本小节通过三组对比实验对污水在管道系统流动过程中氮、磷污染物转化的 4 条途径进行定量分析：第一组实验使用实际的污水和沉积物，用以模拟实际污水管道中的污染物转化规律；第二组实验使用灭菌城市污水和实际沉积物，在该组实验中途径③被阻断，沉积物中污染物的浓度变化是通过途径①、途径②和途径④三条途径得以实现；第三组实验使用实际城市污水和高岭土-石英砂混合体系，在该组实验中，途径②和途径④被阻断，沉积物中污染物浓度变化是通过途径①和途径③两条途径得以实现。

通过改变对比实验中污水以及沉积物的性质，模拟污水-沉积物间 C、N、P 等污染物质的不同转化途径。第一组实验使用实际的污水和沉积物，用以模拟实际污水管道中的污染物转化规律；第二组实验中使用紫外线杀菌设备对城市污水进行照射灭菌，并在管道中铺设实际沉积物，用于阻止污水中微生物的生化反应过程；第三组实验使用实际城市污水和人工配制沉积物（高岭土-石英砂混合体系），用以阻止沉积物中微生物的生化反应过程，其中人工配制的沉积物材料物理指标如表 3.5 所示，体积配比为高岭土：石英砂=30：70。

表 3.5　人工配制沉积物材料性质

物理指标	高岭土	石英砂
粒径	5.8μm	0.2mm（70 目）
成分	Al、Mg、Fe、Ca、Na	黏土、云母、SiO_2、Fe_2O_3、有机杂质
稳定性	稳定	中性中稳定、碱性中微溶解
密度/(g/cm^3)	2.4～2.6	2.58
容重/(g/cm^3)	—	1.69

待城市污水管道模拟系统运行稳定，管道中沉积物孔隙率和微生物种群结构趋于与实际管道中相似，且两套管道模拟系统中水质指标控制在 0.5% 范围内，进行对比实验。将管网末端污水通过潜水泵抽取到水相中，将污水搅拌混匀，并均分成三份，确保三组对比实验所用污水的水质、水量相同。之后，控制管道中水流流速在 0.15～0.25m/s 的缓流条件下，进行管道沉积物与实际污水、管道沉积物与灭菌污水、高岭土和实际污水的实验对比。其中，污水的灭菌采用高效紫外线杀菌设备，并对灭菌后的污水进行细菌总数检测，确保实验的准确性。

城市污水管道模拟系统连续运行 24h，每间隔 3h 进行取样监测管道中污水和沉积物的指标变化。本小节通过对比实验，主要对 N、P 类污染物的迁移转化途径进行分析，管道中污水和沉积物中 TN、TP 浓度的时变化情况如图 3.20 和图 3.21 所示。

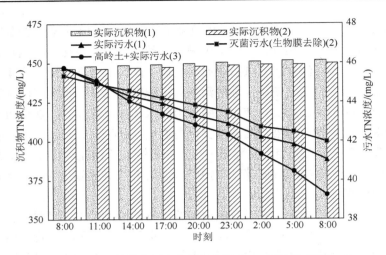

图 3.20　管道中污水和沉积物相的 TN 时变化情况

（1）～（3）表示三组对比实验，图 3.21 同

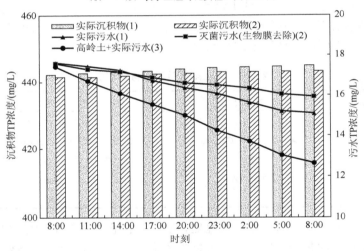

图 3.21　管道中污水和沉积物相的 TP 时变化情况

可以看出，三组对比实验中污水管道污水和沉积物相的 TN、TP 浓度时变化明显。如图 3.20 所示，经过 24h 的管道输送，第一组实验（实际沉积物与实际污水）污水中 TN 浓度由 45.78mg/L 降为 41.07mg/L，减少了 4.71mg/L，沉积物中 TN 浓度由 447.46mg/L 升为 451.67mg/L，升高了 4.21mg/L；第二组实验（实际沉积物与灭菌污水）污水中 TN 浓度由 45.37mg/L 降为 41.99mg/L，减少了 3.38mg/L，沉积物中 TN 浓度由 445.79mg/L 升为 450.06mg/L，升高了 4.27mg/L；第三组实验（高岭土与实际污水）污水和沉积物中 TN 浓度相同，由 45.78mg/L 降为 39.25mg/L，减少了 6.53mg/L。如图 3.21 所示，经过 24h 的管道输送，第一组实验（实际沉积

物与实际污水）污水中 TP 浓度由 17.63mg/L 降为 15.09mg/L，减少了 2.54mg/L，沉积物中 TP 浓度由 442.21mg/L 升为 444.89mg/L，升高了 2.68mg/L；第二组实验（实际沉积物与灭菌污水）污水中 TP 浓度由 17.58mg/L 降为 15.91mg/L，减少了 1.67mg/L，沉积物中 TP 浓度由 441.53mg/L 升为 443.21mg/L，升高了 1.68mg/L；第三组实验（高岭土与实际污水）污水和沉积物中 TP 浓度相同，由 17.44mg/L 降为 12.63mg/L，减少了 4.81mg/L。

第二组实验（实际沉积物与灭菌污水）由于污水经过灭菌处理，不考虑污水中微生物转化分解作用，对比第一组实验（实际沉积物与实际污水），其 TN、TP 浓度都减少较少，而第三组实验（高岭土与实际污水）由于人工配制沉积物内无微生物群落分布，不考虑沉积物向污水中释放污染物，对比第一组实验（实际沉积物与实际污水），其 TN、TP 浓度都减少明显。

为进一步明确污水和沉积物之间污染物相互转化途径，通过三组对比实验对各转化途径进行了定量分析，并建立污水管道中污水和沉积物两相间污染物的迁移转化模型，如图 3.22 所示。在实际污水和沉积物实验组中，沉积物的 TN 和 TP 在一天内的浓度变化值为 4.21mg/L（ΔTN）和 2.68mg/L（ΔTP），通过对三组对比实验中污水和沉积物污染物浓度变化进行差量分析，并应用公式：

$$TN \text{ 或 } TP \text{ 变化量} = \text{物理沉积变化量} - \text{污染物悬浮变化量}$$
$$+ \text{微生物转化后吸附变化量} - \text{微生物转化后释放变化量}$$
$$\text{即} \Delta TN \text{ 或} \Delta TP = \Delta① - \Delta② + \Delta③ - \Delta④$$

计算得出不同转化途径下沉积物中污染物的变化量。由于实验是在管道污水缓流条件 0.15m/s 下进行，因此管道系统中沉积物悬浮作用可忽略，故污染物悬浮变化量（Δ②）为 0。在四条转化途径中，污染物的物理沉积途径转化量最高（ΔTN 浓度

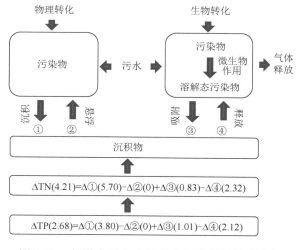

图 3.22　管道中污水-沉积物间污染物的转化途径

为 5.15mg/L；ΔTP 浓度为 3.80mg/L），且沉积物中氮磷污染物浓度均呈上升趋势，因此可知污水中颗粒携带的污染物的物理沉积作用是沉积物中污染物质浓度上升的决定因素。在微生物参与转化的两条途径中，沉积物释放的污染物量大于污水向沉积物的转化量[TN 浓度：Δ④（2.32）>Δ③（0.83）；TP 浓度：Δ④（2.12）>Δ③（1.01）]，因此沉积物中的微生物的代谢活动更为显著，且通过该途径提高了污水中溶解态和小分子的污染物浓度。

3.3　城市污水管网沉积物中微生物种群特性

近年来，城市污水管网中有毒有害气体的释放问题（主要为 CH$_4$ 和 H$_2$S）已经逐渐成为管网正常运行的潜在威胁，也开展了诸多此方面的研究，明确了在污水管网系统中 CH$_4$ 和 H$_2$S 的产率。同时有研究表明，在考虑污水管网释放 CH$_4$ 和 H$_2$S 时，管道沉积物的作用不可忽视，因此可以确定城市污水管网沉积物中存在着显著的生化反应（Liu et al., 2015）。由于产生 CH$_4$ 和 H$_2$S 的过程需要丰富的碳源基质，而管网沉积物的形成主要是污水所携带的颗粒态物质沉降所致，因此沉积物层中一定存在着颗粒态物质水解过程。城市污水中含有各类丰富的污染物质，在污水管网厌氧条件下，不同的微生物种群极易利用沉积物中的基质对各类污染物质进行降解转化，这与城市污水厌氧处理系统中发生的生化反应是一致的，同时该类沉积物中发生的转化过程也会显著影响城市污水处理厂的进水水质，因此对城市污水管网沉积物中污染物的转化过程进行研究分析是十分必要的。

3.3.1　沉积物中功能性微生物的种群分布特征

由图 3.11～图 3.13 可知，可被微生物种群利用的易降解的有机碳源（VFA）在沉积物中逐渐富集，然而限于城市污水管网的厌氧环境，促进不同污染物转化的微生物种群在管网沉积物中呈现不同分布特征，因此本小节取不同深度的沉积物层混合污泥样品对微生物种群进行高通量测序，结果如彩图 3.23 所示。

彩图 3.23 展示了污水管道模拟系统的沉积物中微生物种群的分布情况以及系统发育过程，样品中抽取了 34536 个有效 DNA 序列片段，检测了包括细菌和古菌在内的主要门水平微生物种群，样品中相对丰度前 40 的微生物种群使用不同的圆圈表示，圆圈的大小代表微生物的相对丰度。测序结果表明，沉积物中最主要的门水平微生物为 Proteobacteria，其相对丰度为 36.68%，其次为 Euryarchaeota（相对丰度为 26.42%），Bacteroidetes（相对丰度为 11.94%）和 Firmicutes（相对丰度为 8.79%）。已有的研究表明，Proteobacteria、Bacteroidetes 和 Firmicutes 具有较强的发酵能力（Nelson et al., 2011；Kang et al., 2011；Levén et al., 2007），可以促进沉积物的水解和酸化过程，因此这些微生物在沉积物中的富集会直接引起颗粒态物质的降解，同时提升了管网沉积物中 SCOD 的浓度提升（图 3.11）。由于新产生丰富的易降解碳类物质可成为产生 CH₄ 和 H₂S 等过程中微生物所利用的基质，Euryarchaeota（包含产甲烷菌等厌氧菌的门水平微生物种群）较易完成繁殖增长过程，从而成为污水管网沉积物中主要的门水平的古菌。其中 *Methanosaeta* 是该门水平微生物下相对丰度最大的属水平微生物，并且是一种生长在厌氧环境的极其活跃的产甲烷微生物（Rotaru et al., 2014），该微生物种群的快速增长是污水管网沉积物中甲烷气体大量逸散的主要原因。沉积物中发生的上述诸多生化反应可以促进赋存的碳类污染物的转化。除此之外，门水平微生物 Proteobacteria 中包含了许多种类的与氮类污染物质转化相关的微生物种群，但是由前述可知，污水管网沉积物处于厌氧环境，硝化过程无法实现，然而反硝化作用却很容易实现，该结果与图 3.12 所示内容相一致。

3.3.2　沉积物中微生物代谢作用区域分析

　　污水管网沉积物中不同深度的 ORP 值具有明显的差异，而不同的 ORP 值会影响沉积物中发生的氧化还原反应，进而影响不同微生物种群的新陈代谢过程。因此，为进一步明确污水管网沉积物中不同位置的微生物种群分布特征，选取沉积物 7 个不同区域的污泥样品进行微生物高通量测序检测，具体取样点如图 3.24 所示（①～⑦）。

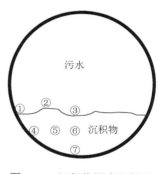

图 3.24　沉积物测序取样点

　　1. 污水管网不同位置沉积物微生物（细菌）分布特征

　　所构建的污水管网模拟系统中沉积物厚度约为 60mm，污水在沉积物层上紊动的流动过程会对沉积物产生不规律的扰动作用，因此微生物种群的多样性以及种群分布在该作用下可能会受到一定影响。Shi 等（2018）为验证这一猜想，对如图 3.24 所示 7 个区域的微生物检测结果进行多元化分析，结果如彩图 3.25 所示。

　　微生物的操作分类单元（operational taxonomic units，OTU）可从一定程度上反应样品中微生物种群的种类数量，OTU 值越高可相对的说明样品中微生物种群数量较多，反之则较少。如彩图 3.25（a）所示，所取的 7 个污水管网沉积物样品中共有的 OTU 为 484，其中在区域①～⑥中 OTU 基本一致，而在区域⑦中微生物种群的种类较其他区域有着明显的差别，该结果表明，较多的微生物种群更倾向于适应污水管网底部的生长环境，因此区域⑦中所存在的微生物种群种类较其他区域更多，其 OTU 值也更大。

为了对比污水管网沉积物中不同纵剖面的微生物分布特征，使用三元相分析方法对沉积物中不同位置的优势种群进行分析，如彩图 3.25（b）～（d）所示。彩图 3.25（b）展示了靠近污水管道内壁的①、④、⑦区域中共有微生物的相对比例，其中 *Methanosaeta*（一种重要的产 CH$_4$ 古菌）为三个区域所共有的主要微生物，在区域④中的相对丰度为 29.86%，而在区域①和⑦中相对丰度较小，仅为0.11% 和 5.42%。值得注意的是，在沉积物中层区域（④～⑥）中，*Methanosaeta* 均为优势微生物种群，同时在这三个区域中，微生物种群的分布特征基本相似。在沉积物的七个区域中，*Smithella* 是一种重要的发酵型属水平微生物，具有显著地产生丙酸的功能，因此可以促进沉积物中碳类污染物的降解转化。已有学者指出，丙酸是硫酸盐还原型微生物进行新陈代谢的重要碳类基质，因此 *Smithella* 在沉积物中的富集可能会为硫酸盐还原菌的增长繁殖提供良好的环境，16S rRNA基因的测序结果也证明了上述猜想。*Desulfovibrio* 和 *Desulfobulbus* 是污水管网沉积物中优势的硫酸盐还原菌（Taylor et al., 1983），同时这两种微生物在沉积物表层的相对丰度为 0.01% 和 0.02%。随着深度逐渐增大，在沉积物底部 *Desulfovibrio*和 *Desulfobulbus* 的相对丰度增加到了 1.70% 和 0.97%。由此可推断，由于在沉积物底层存在硫酸盐还原的富集现象，那么 H$_2$S 的产生区域应该也集中分布在沉积物底部位置。由上述讨论可知，污水管道的内表面可能会影响微生物的繁殖过程（区域①和④的微生物种群分布差异较大，而区域③和⑥的微生物种群分布较为相似），同时由于 *Smithella* 在沉积物各区域中都存在着大量繁殖现象，碳类污染物在沉积层中的转化过程可以得到充分实现。需要指出的是，*Methanosaeta* 在沉积物不同深度展现出不同的分布特征，因此需对沉积物中的古菌分布进行单独的分析探讨。

2. 污水管网不同位置沉积物微生物（古菌）分布特征

彩图 3.26（a）所示为沉积物 7 个区域中所检测到的古菌种群数量，其中在区域④～⑥中所检测到的古菌种群数量为 1400 左右，显著高于其他 4 个区域（古菌检测数量为 500～900）。结果表明，古菌的多样性随着沉积物的深度逐渐增加，在沉积物中层部位达到最大，然后在沉积物的底层区域逐渐的缓慢减小，同时由于在区域⑦中检测到的古菌种群数量比区域①～③多，因此可推断污水管网沉积物中层部位是古菌增长繁殖的最佳环境。由于沉积物表层污水的不规律流动，古菌在沉积物表层无法实现快速繁殖。彩图 3.26（b）和（c）所示为沉积物中不同位置的古菌相对比例的三元相图，在沉积物中层位置（区域④～⑥）优势的属水平古菌的种类和相对比例基本相同（微生物种群集中在三元相图中央），产甲烷菌如 *Methanobacterium*、unidentified_*Woesearchaeota*_.DHVEG 和 *Lactivibrio* 也主要集中在这一区域。在区域③、⑥、⑦中（污水管网沉积物的中央纵断面），产甲烷菌主要分布在中层区域⑥而不是区域③和⑦，由此可知，CH_4 气体的产生逸散主要发生在污水管网沉积层的中部位置。结合图 3.3 可知，在沉积物深度 0～20mm 时，ORP 相对较高，大约为-100mV，并且沿深度方向逐渐降低，在沉积物底层 ORP 值大约为-300mV，由于产酸发酵细菌和硫酸盐还原菌适宜于在低 ORP 值的环境中实现繁殖增长，因此沉积物底层的低 ORP 值也是上述微生物种群富集的原因，从而引起了污水管道中 CH_4 和 H_2S 的释放。

3.3.3　沉物中微生物作用与污染物转化耦联作用规律

为进一步分析探讨污水管网沉积物中污染物转化的特性，本小节使用 Spearman 分析手段对沉积物中功能性属水平微生物和污染物浓度变化的关联进行说明解析。如彩图 3.27 所示，使用星型符号（*）所标示的条带代表在该区域中，功能性属水平微生物和污染物浓度之间存在着显著的相关关系或者非相关关系。可实现碳类污染物转化的微生物种群（图中标注为 C）主要包括发酵细菌，在沉积物各个区域中均与 TCOD 和 SCOD 展现了显著的相关关系（区域①除外），结合高通量测序结果可知，*Aquabacterium*、*Aeromonas*、*Paludibacter*（Ishii et al.，2014；Kalmbach et al.，1999）等主要的发酵细菌可以在沉积物各个区域中被检测到，上述微生物的存在可以促进沉积物中的水解酸化过程。由此可知，发酵过程是管网沉积物中的主要的生化反应，然而由于管网内表面的紊动状态，在沉积物的区域①中发酵过程无法正常实现。

可实现氮类污染物转化的功能性微生物种群（N）仅仅在区域①中与 TN 展现出相关关系，该结果与硝化和反硝化细菌的高通量测序结果相一致。由于污水管网中的沉积物处于厌氧环境，在大部分沉积物区域中都无法检测到硝化细菌的存在（区域①除外，其中 *Nitrosomonas* 0.15%，*Nitrosococcus* 0.13%）（Marsh et al.，2005），这是由于污水在沉积物层表面的不稳定流动导致了区域①中溶解氧的升高。*Dechloromonas*、*Alicycliphilus*、*Thauera* 是可实现反硝化过程的微生物（Han et al.，2015; Mechichi et al.，2003; Achenbach et al.，2001），在区域①～③可以检测到这几种微生物的存在。由于沉积物中不存在硝酸盐，抑制了反硝化细菌的增长繁殖，同时也切断了沉积物中的氮类污染物质的转化途径，因此沉积物中存在的该类微生物种群仅仅可以通过消耗 COD 维持基本的新陈代谢过程（在沉积物上层区域①～③与 COD 展现出积极的相关关系）。

可实现磷类污染物质转化的功能性微生物种群（P）在大部分区域与 TP 和 PO_4^{3-} 没有展现出相关关系（区域②除外）。研究表明，聚磷的微生物种群包含两种功能性细菌，分别为在厌氧环境下存在的具有反硝化功能的磷去除细菌和需要在有氧条件下生存的聚磷细菌，由于氧原子和硝酸盐是上述两种微生物的电子受体，而在污水管网沉积物中几乎没有氧气和硝酸盐的存在，因此高通量测序几乎没有检测出聚磷菌的存在（沉积物表层区域①、②除外，其相对丰度低于 0.003%）。由此可以推论，在污水管网模拟系统运行过程中，沉积物中 TP 和 PO_4^{3-} 随着时间推移浓度逐渐提升的原因主要在于污水中颗粒态物质的沉降作用，由于生化作用而导致沉积物中磷类污染物质发生形态和含量转化的过程基本无法实现。产甲烷菌在 Spearman 分析结果中展现了与 SCOD 的显著的相关关系，尤其是在区域④～⑦，其中在沉积物中层位置相关性尤为凸显，因此产甲烷过程主要实现在沉积物的中层位置，Spearman 的分析结果与前述古菌的分布特征结果是相吻合的。

　　综上所述，发酵型微生物种群在污水管网沉积物的各个区域都起到了重要作用，促进了沉积物中颗粒态物质的水解过程，从而使得沉积物中富集了大量的易降解的碳源基质（图 3.10 和图 3.11），该环境为污水管网沉积层中污染物转化的相关生化反应提供了适宜的条件。之前有学者指出，可实现产甲烷过程和硫酸盐还原过程的微生物种群是有选择性地利用碳源基质，因此在污水管网沉积物的不同区域中，发酵过程所产生的水解酸化产物的种类和浓度会极大程度上影响产甲烷菌和硫酸盐还原菌的繁殖增长过程。产甲烷菌和硫酸盐还原菌在沉积物纵深断面展现出有规律的分布特征，从而促使甲烷和硫化氢主要产生在严格厌氧的沉积层的中层和底层位置。然而，产甲烷和硫酸盐还原菌可利用某些相同种类的碳源基质完成新陈代谢过程，因此这两种微生物种群在繁殖过程中会存在竞争关系，然而这种竞争机制尚不明确，需要进行进一步的研究分析。与此同时，由于生化反应过程中遵循着反应动力学的原理，在沉积物中不断消耗有机碳源的同时，污水中颗粒态物质的不断沉积，会进一步促进颗粒态物质的水解产酸过程，因此发酵型微生物种群的繁殖过程也会得到强化。然而与发酵型细菌（包括水解酸化、产甲烷细菌）和硫酸盐还原菌在沉积物中的富集现象不同的是，硝化、反硝化以及聚磷菌仅可以在沉积物表层展现出一定的活性，并且该微生物种群的分布与沉积物中的氮类、磷类污染物的转化没有相关关系。因此，污水管网沉积物中的氮类和磷类污染物的富集和转化主要是由于污水中颗粒态污染物质的沉降作用所引起的。由于城市污水管网中各类污染物质的转化会影响城市污水处理厂的进水水质，进而影响城市污水处理厂的处理效率，因此城市污水管网以及沉积物与城市污水处理厂之间的关联性分析和研究将成为接下来的研究重点。

参 考 文 献

ACHENBACH L A, MICHAELIDOU U, BRUCE R A, 2001. *Dechloromonas agitata* gen. nov., sp. nov.and *Dechlorosoma suillum* gen. nov., sp. nov., two novel environmentally dominant (per) chlorate-reducing bacteria and their phylogenetic position[J]. International Journal of Systematic and Evolutionary Microbiology, 51 (2): 527-533.

AHYERRE M, CHEBBO G, 2001. Nature and dynamics of water sediment interface in combined sewers[J]. Environmental Engineering, 127 (3): 233 - 239.

ARTHUR S, ASHLEY R M, 1998. The influence of near bed solids transport on first foul flush in combined sewers[J], Water Science &Technology, 37(1): 131-138.

ASHLEY R M, BERTRAND-KRAJEWSKI J L, HVITVED-JACOBSEN T, et al., 2004. Solids in Sewers:Characteristics, Effects and Control of Sewer Solids and Associated Pollutants[M]. London: International Water Association Publishing.

ASHLEY R M, CRABTREE R W, 1992. Sediment origins, deposition and build-up in combined sewer systems[J]. Water Science&Technology, 25(8):151-164.

BANASIAK R, VERHOVEN R, DE SVTTER R, et al., 2005. The erosion behavior of biologically active sewer sediment deposits: observations from a laboratory study[J]. Water Research, 39 (20): 5221-5231.

BERTRAND K J, BRIAT P, SCRIVENER O, 1993. Sewer sediment production and transport modeling: A-literature review[J]. Journal of Hydrology, 31(4): 435-460.

CHEN G H, LEUNG D, HUNG J C, 2003. Biofilm in the sediment phase of a sanitary gravity sewer[J]. Water Research, 37 (11): 2784-2788.

COTHAM, W E, BIDLEMAN T F, 1995. Polycyclic aromatic hydrocarbons and polychlorinated biphenyls in air at an urban and a rural site near Lake Michigan[J]. Environmental Science &Technology, 29(11): 2782-2789.

HAN X, WANG Z, MA J, et al., 2015. Membrane bioreactors fed with different COD/N ratio wastewater: impacts on microbial community, microbial products, and membrane fouling[J]. Environmental Science&Pollution Research, 22(15): 1-10.

HILTS P, 1996. Fine Particles in Air Cause Many Deaths, Study Suggests[J]. The New York Times, 1996: 5-9.

ISHII S I, SUZUKI S, 2014, Microbial population and functional dynamics associated with surface potential and carbon metabolism[J]. The ISME Journal, 8 (5): 963-978.

KALMBACH S, MANZ W, WECKE J, 1999. *Aquabacterium* gen. Nov., with description of *Aquabacterium citratiphilum* sp. nov., *Aquabacterium parvum* sp. nov. and *Aquabacterium commune* sp. nov., three in situ dominant bacterial species from the Berlin drinking water system[J]. International Journal of Systematic Bacteriology, 49 (2): 769-777.

KANG X R, ZHANG G M, 2011. Effect of initial pH adjustment on hydrolysis and acidification of sludge by ultrasonic pretreatment[J]. Industrial&Engineering Chemistry Research, 50(22): 12372-12378.

LEVÉN L, ERIKSSON A R B, SCHNÜRER A, 2007. Effect of process temperature on bacterial and archaeal communities in two methanogenic bioreactors treating organic household waste[J]. FEMS Microbiology Ecology, 59(3): 683-693.

LI Y, LAU S L, KAYHANIAN M, et al., 2006. First flush and natural aggregation of particles in highway runoff[J]. Water Science&Technology, 54(11-12) : 21-27.

LIU Y W, NI B J, 2015. Sulfide and methane production in sewer sediments[J]. Water Research, 70 (1): 350-359.

MARSH K L, SIMS G K, MULVANEY R L, 2005. Availability of urea to autotrophic ammonia-oxidizing bacteria as related to the fate of ^{14}C- and ^{15}N-labeled urea added to soil[J]. Biology&Fertility of Soils, 42(2):137-145.

MECHICHI T, STACKEBRANDT E, FUCHS G, 2003. *Alicycliphilus denitrificans* gen. nov., sp. nov., a cyclohexanol-degrading, nitrate-reducing β-proteobacterium[J]. International Journal of Systematic and Evolutionary Microbiology,53 (1): 147-152.

NALLURI C, ALVAREZ E M, 1992. The influence of cohesion on sediment behavior[J]. Water Science &Technology, 25(8):151-164.

NELSON M C, MORRISON M, YU Z, 2011. A meta-analysis of the microbial diversity observed in anaerobic digesters[J]. Bioresource Technology, 102 (4): 3730-3739.

ROCHER V, AZIMI S, MOILLERON R, et al., 2003. Biofilm in combined sewer: wet weather pollution source or/ and dry weather pollution indicator[J]. Water Science&Technology, 47 (4): 35 -43.

ROTARU A E, SHRESTHA P M, LIU F, et al., 2014. A new model for electron flow during anaerobic digestion: direct interspecies electron transfer to *Methanosaeta* for the reduction of carbon dioxide to methane[J]. Energy & Environmental Science, 7(1): 408-415.

SANSALONE J, 1996. Immobilization of Metals and Solids Transported in Urban Pavement Runoff[C]. North American Water and Environment Congress&Destructive Water. ASCE.

SHI X, NGO H H, SANG L T, et al., 2018. Functional evaluation of pollutant transformation in sediment from combined sewer system[J]. Environmental Pollution, 238: 85-93.

TAYLOR J, PARKES R J, 1983. The cellular fatty acids of the sulphate-reducing bacteria, *Desulfobacter* sp., *Desulfobulbus* sp. and *Desulfovibrio desulfuricans*[J]. Microbiology, 129 (11): 3303-3309.

TUCCILLO M E, 2006. Size fractionation of metals in runoff from residential and highway storm sewers[J]. Science of the Total Environment, 355(1-3): 288-300.

第4章 城市污水管网中有机物与氮磷类
污染物的转化规律

1994年，国际水质协会（国际水协会前身）在丹麦奥尔堡召开的第一届污水管网水质转化专题会议，已经证实了污水管网是一个内部进行着各种复杂的物理、化学和生物反应的反应器。之后污水管网作为一种管道反应器越来越多地受到各国城市污水管网系统重视和研究（Hvitved et al.，2002，1995），并且很多研究结果表明污水管网内水质的确会发生一定的变化。研究表明，污水在向污水处理厂输送过程中，管网中发生的物理、化学及微生物作用对水中COD、BOD、氮、磷等污染物含量的去除具有巨大的潜能（Warith et al.，1998；Tanaka et al.，1998，1995；Raunkjaer et al.，1997；Leu et al.，1996）。

目前，污水管网的"生化反应器"角色正逐步得到人们的认可。本章通过建立城市污水管网模拟系统，对城市污水管网中有机物和营养盐的迁移转化进行研究，明确城市污水管网的"生化反应器"功能，从而掌握有机物和营养盐在管网中的迁变规律与特性。

4.1 管网中有机物的转移转化

4.1.1 城市污水管网模拟系统构建

由于城市污水管网距离沿程较长，一般有几公里甚至十几公里，为了在有限的空间里模拟出尽可能长的距离，将模拟管道进行叠放，延长水力停留时间。污水从高处流入模型进行重力流，以达到与城市污水管网相一致的流动模式。城市污水模拟管段中试试验装置如图4.1所示。

图4.1所示为模拟城市污水管段实验系统，系统主体由聚氯乙烯管构成，为了充分模拟实际污水管网中的流动情况，管道内壁经适当打磨，使其沿程阻力系数及雷诺数与实际钢筋混凝土管的粗糙度相接近（金鹏康等，2015；夏星星等，2010）。除此之外，聚氯乙烯管径为25mm，有效长度为1200m，坡度为5‰。模拟管段共设35层，层与层之间以检查井连接。每层模拟管段上均设有取样点，取样点两侧通过500mm长的有机玻璃管段连接，整体呈螺旋状。

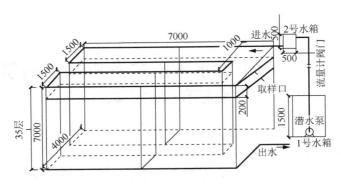

图 4.1　城市污水模拟管段中试试验装置（单位：mm）

取样点设在每层模拟管段上的相同位置，管段上设有阀门，取样阀门共计 35 个。每层设 2 段长 50cm 相连的有机玻璃管段并采用活结相连，一段为专门附着生物膜的管段用于取样分析（在有机玻璃管段内放置经适当打磨有机玻璃试样片从而作为管道生物膜附着载体）；另一相邻管段上部开有小孔并套上橡胶软管（附有夹子），用于监测管网内气体。模拟管段外部裹有保温材料，使其处于一个避光恒温的环境中。进水通过污水管网上游内放置的潜水泵将污水提升输送至模拟管网系统中的 1 号水箱，系统依靠潜水泵将 1 号水箱（聚乙烯材质）的污水提升至高度为 8m 的 2 号水箱（有机玻璃材质），污水由 2 号水箱底部的出水口（直径为 25mm）依靠重力流进入模拟管段。经过 1200m 管网的输送后，管网末端出水最终排至污水管网下游。

整个模拟管段系统在室温下运行，同时保证系统具有良好的密封性。污水依靠重力流进入模拟管段。模拟系统采用生活污水作为原水，原水水质见表 4.1。

表 4.1　原水水质

指标	COD 浓度/(mg/L)	NH$_4$-N 浓度/(mg/L)	TN 浓度/(mg/L)	TP 浓度/(mg/L)	DO 浓度/(mg/L)	pH
数值	370±10	35.5±1.5	45.5±4.4	8.5±0.4	0.3±0.05	7.0±0.5

污水模拟管网装置在室温下避光运行，实验温度控制为 25℃，DO 浓度为（0.3±0.05）mg/L。在系统连续运行期间，污水流速为 0.6m/s，避免管网污水发生沉积现象，水力停留时间为 120min。反应器共选择 9 个取样口，取样口对应的距离分别为 0m、150m、300m、450m、600m、750m、900m、1050m 和 1200m。为了测定污水中溶解性的污染物，取回的水样需要通过 0.45μm 的滤膜进行过滤，水样过滤完成后在 4℃ 的冰箱中保存以便用于各种指标的测定。生物膜是通过 8 个取样点两侧的透明管段中放置的生物载玻片获取，以用于管网中生物膜的形态观察。

4.1.2　管网水流中有机物及其中间产物的转移转化特性

1. 污水输送过程中有机物的转化特性

图 4.2 表示的是 VFA 及其各组分在进水和出水中的浓度变化。可以看出，VFA 平均浓度由进水的 35.80mg/L 升至出水的 38.4mg/L，乙酸平均浓度由进水的 17.18mg/L 升至出水的 23.42mg/L，丙酸平均浓度由进水的 11.46mg/L 降至出水的 9.60mg/L，其他酸平均浓度由进水的 7.16mg/L 降至出水的 5.38mg/L。

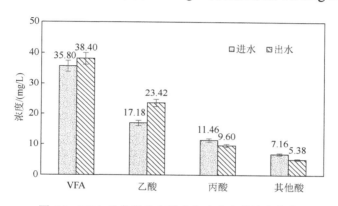

图 4.2　VFA 及各组分在进水和出水中的浓度变化

图 4.2 中 VFA 及各组分浓度变化的原因，主要是由于污水一直处于不断流动的状态，所产生的剪切力可能使小部分吸附在无机颗粒上的小分子有机物被洗脱下来，同时剪切力作用可将一些较大的颗粒打碎，使得包裹在其内部的一部分小分子有机物被洗脱下来；另外，有研究表明可发酵快速生物降解基质在厌氧条件下会转化为 VFA，剪切力作用和沉积作用会使得悬浮颗粒物的粒径变小，可以和微生物充分接触，从而加快水解酸化作用，使得丙酸或其他大分子酸类可能在微生物作用转变为乙酸，从而使 VFA 和乙酸浓度增大。可以看到，污水流动产生的剪切力与其他采用机械作用增加水解产物的理论一致，但是作用相对较弱，因此洗脱及酸化作用使 VFA 整体升高较少，为 2.60mg/L，而由于 VFA 内部丙酸、n_C 为 4～6 或其他大分子酸类均可能发生水解转化为乙酸，导致乙酸含量升高较高，为 6.24mg/L。

图 4.3 表示在污水流动过程中 VFA 各组分占比情况。其中，乙酸占比有增加的趋势，从 48% 升至 61%，而丙酸与其他酸所占比则均显示减少的趋势，丙酸占比由 32% 降至 25%，其他 VFA 占比由 20% 降至 14%。

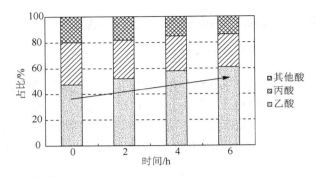

图 4.3　VFA 各组分占比情况

2. 管网水流速度对有机物转化的影响

　　污水管网中的生物降解过程包括两种，一是处于悬浮态的生物絮体对有机物的降解，二是管道内壁的生物膜对有机物的降解，因此 SCOD 浓度的降低主要是由于污水管网中微生物的降解作用。同时，由于模拟管段管径、流速偏小，为生物膜生化作用过程提供了有利条件，且原水中的碳源多为易生物降解有机物，因此在流经 1200m 距离的条件下，SCOD 的去除率与实际相比会有所偏高，如图 4.4 所示。

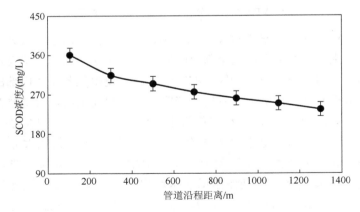

图 4.4　SCOD 在管网沿程中的变化

　　通过调节管网坡度和污水充满度来调整管网水流，分析在不同流速下有机物在管网水流中的变化规律，并对水质变化特性做出相应评价。通过四个多月的重复试验，测定了不同流速的有机物进出水日变化，如图 4.5 所示。

　　在 v 为 0.32m/s 时，进水 TCOD 浓度平均为 577.85mg/L，出水为 443.86mg/L，降低了 133.99mg/L；进水 SCOD 浓度平均为 224.14mg/L，出水为 167.74mg/L，降低了 56.40mg/L。在 v 为 0.60m/s 时，进水 TCOD 浓度平均为 626.84mg/L，出

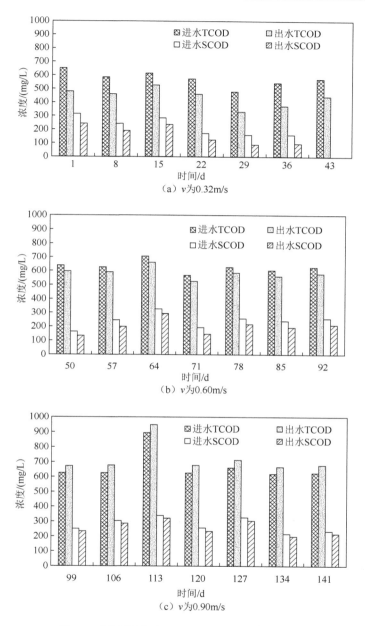

图 4.5　不同流速下 TCOD、SCOD 浓度的日变化

水为 584.88mg/L，降低了 41.96mg/L；进水 SCOD 浓度平均为 239.32mg/L，出水为 199.06mg/L，降低了 40.26mg/L。在 v 为 0.90m/s 时，进水 TCOD 浓度平均为 669.56mg/L，出水为 719.02mg/L，升高了 49.46mg/L；进水 SCOD 浓度平均为 276.03mg/L，出水为 255.26mg/L，降低了 20.77mg/L。在 v 为 0.32m/s 时，有机物

浓度减少量最大,随着流速的逐渐增加,COD 浓度的降低量不断减少,且当流速增加至 0.9m/s 时,管道内有机物浓度呈现增加趋势。管道内有机物的变化因水力条件的改变减少或增加的现象,主要为污染物沉积释放及微生物降解。

为进一步探究不同流速下管网有机质物不同运行时间的浓度变化,对有机物在不同流速条件下的 6h 变化情况进行分析,如图 4.6 所示。在进水的几分钟甚至十几分钟内,有机物浓度略有增加,且初始流速越大 COD 浓度的变化越大,可知管道内发生首次冲刷作用,随后有机物浓度短时间并无太大波动,管道内水力条件逐渐稳定。经 6h 水力循环,测定流速为 0.32m/s 和 0.60m/s 时 COD 浓度有较明显降低,流速为 0.90m/s 时 COD 浓度呈现增加的趋势。不同流速下的有机物浓度变化与日变化呈现相同趋势。因此,可推断不同的水力条件下,污染物沉积、释放及微生物利用起着不同的主导作用。

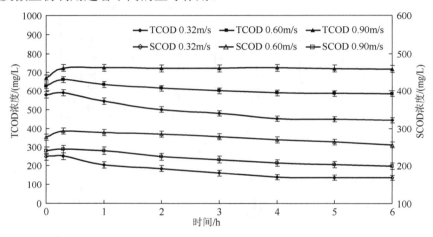

图 4.6   不同流速时 TCOD、SCOD 浓度的历时变化

4.1.3   溶解性有机物在管网沿程中的变化特性

1)三维荧光光谱等高线图

在对污水中的溶解性有机物(dissolved organic matter,DOM)进行结构表征的众多仪器中,三维荧光光谱(3D excitation-emission-matrix spectra,3D-EEM)应用广泛。由于不同的荧光发射基团对应着溶解性有机物中不同的组成成分,这些基团在不同的发射波长(E_m)和激发波长(E_x)的组合下,会导致溶解性有机物释放出具有特定吸收荧光峰的荧光光谱,将这些荧光光谱投影在三维荧光光谱等高图上形成具有特定吸收位置的荧光中心,从而对具有荧光性质的物质进行测定。大量研究表明,不同类型的溶解性有机物具有不同的荧光基团,而且其对应的荧光强度和荧光峰的位置也不一样(李宏斌等,2007;Baker,2002)。根据发

射波长与激发波长的边界不同，将 3D-EEM 区域划分为五种类型，其中峰 A[E_m/E_x=(400~500)/(237~260)]为类富里酸荧光物质；峰 C[E_m/E_x=(400~500)/(300~370)]为类腐殖酸荧光物质；峰 B[E_x/E_m=(225~237)/(309~321) 和 E_x/E_m=275/310]为类蛋白物质，与有机物中带芳环结构的氨基酸有关，一般认为峰 B 可分为峰 T_1[E_x/E_m=(260~290)/(300~320)，类酪氨酸类物质]和峰 T_2[E_x/E_m=(225~237)/(340~381)，类色氨酸物质]。峰 T_1 和峰 T_2 也被认为与微生物活动产生的代谢产物（类蛋白）有关。因此，三维荧光光谱技术能够反映有机物的种类、含量和组成结构等方面的性质。

彩图 4.7 为污水中 DOM 的三维荧光光谱图。可以看出，污水中 DOM 的三维荧光光谱图在经过沿程 1200m 的输送过程中出现了多个不同位置的荧光峰。原水中未出现明显的荧光峰物质，而随着污水进入管道进行沿程流动中，峰 T_1、峰 T_2 开始出现；同时在管网的末端出现较弱的峰 C。根据对荧光峰位置总结的结果可知，峰 T_1、峰 T_2 分别属于类蛋白峰中的类酪氨酸荧光峰和类色氨酸荧光峰。其中，类色氨酸荧光峰的出现与色氨酸及一些可溶性的微生物代谢副产物及苯酚类物质有关；而类蛋白峰的出现反映了生物降解来源的色氨酸和酪氨酸形成的荧光峰值。进水中不含有复杂的荧光性有机质，而随着污水在管网中的流动，荧光峰的个数开始增多，且主要反映在类芳香蛋白物质中，其原因可能是蛋白质作为构成细胞的基本有机物，是生命活动的主要承担者。因此，管网微生物需要参与水中的无机营养盐的代谢合成微生物蛋白从而维持正常生命活动，体内合成的微生物蛋白随着微生物的衰亡将以胞外聚合物（extracellular polymeric substances，EPS）的形式释放到水体中，从而引起污水中类芳香蛋白峰的出现。

2）污水中溶解性有机物的荧光强度变化

研究表明，蛋白质（色氨酸）、可见光谱腐殖质和紫外光谱腐殖质是城市生活污水中具有荧光特性的三种主要的溶解性有机物，这三种物质分别在激发波长/发射波长为 E_x/E_m=275/340、E_x/E_m=330/425 和 E_x/E_m=230/430 时出现特征吸收荧光峰。郝瑞霞等（2007）利用三维荧光光谱对城市生活污水中 DOM 的荧光特性进行了研究，并通过实验结果总结出三种能够对水体中不同类型的 DOM 含量进行表征的荧光参数。其中，①荧光强度的综合指标是指各类有机物的特征荧光强度之和（即 $\Sigma F_{E_x/E_m}=F_{275/340}+F_{230/430}+F_{330/425}$）表示污水中溶解性有机物的综合含量；②荧光强度（$F_{E_x/E_m}$）则表征污水中某一类溶解性有机物的含量；③$F_{E_x/E_m}/\Sigma F_{E_x/E_m}$ 则表示不同种类有机物所占的比值。表 4.2 为不同特征荧光峰的荧光强度在管网中的变化情况。

从表 4.2 可以看出，污水中溶解性有机物的类蛋白峰强度最高，可见腐殖质峰强度普遍高于 UV 腐殖质峰强度。此外，污水中的类蛋白特征荧光强度随污水管网距离的沿程呈现一定的升高趋势，而可见腐殖质和 UV 腐殖质的特征荧光峰的变化不大。其原因主要是管网中生长着大量的微生物群体，而衰亡后的微生物残骸中均含有大量蛋白质，在细菌释放的胞外水解酶的作用下，微生物体内的蛋白质被水解成氨基酸。

表 4.2　管网沿程中 DOM 荧光峰强度

管网沿程距离/m	类蛋白峰强度	UV 腐殖质峰强度	可见腐殖质峰强度	$\Sigma F_{E_x/E_m}$
0	26.78	6.44	11.74	44.96
150	27.70	6.26	12.36	46.32
300	28.25	5.45	11.52	45.21
450	28.79	6.11	12.69	47.59
600	28.65	5.89	13.75	48.29
750	28.84	7.65	13.76	49.11
900	33.11	6.54	14.50	49.88
1050	40.26	7.25	16.93	64.44
1200	45.81	6.69	15.61	68.11

由于 $\Sigma F_{E_x/E_m}=F_{275/340}+F_{230/430}+F_{330/425}$ 能够对污水中 DOM 的综合含量进行表征，因此对应于 FV=$F_{330/425}/\Sigma F_{E_x/E_m}$，则可以对污水中类可见腐殖质污染物所占的比例进行表征；FUV=$F_{230/430}/\Sigma F_{E_x/E_m}$ 则表示 UV 腐殖质类污染物所占的比例；$F_p=F_{275/340}/\Sigma F_{E_x/E_m}$ 则主要体现的是类蛋白质物质在溶解性有机物中所占的比例。因此，根据这些的定义，可分别对污水中溶解性有机物的综合含量及各种有机物在其中占有的比例进行计算，测定结果如图 4.8 所示。

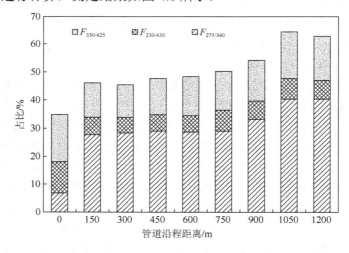

图 4.8　不同污染物所占溶解性有机物的比例

从图 4.8 可以看出，污水中溶解性有机物的综合含量 $\Sigma F_{E_x/E_m}$ 随管网沿程呈现逐渐增大的趋势，类芳香蛋白污染物所占的比例同时随着污水在管网中的流动成正比例增加的趋势，其原因可能是管网中微生物在沿程向水体释放体内的微生物蛋白从而加强了芳香类蛋白类物质的荧光强度。

3）荧光指数 FI

由于水环境中溶解性有机质的荧光发射光谱并不能显示出水体中 DOM 的来源问题，研究者定义荧光指数 $F_{450/500}$ 为激发波长为 370nm 时，荧光发射光谱在 450nm 与 500nm 处的荧光强度的比值。研究结果表明，荧光指数 $F_{450/500}$ 能够指示水体中溶解性腐殖酸的来源，其中陆源溶解性有机物的 $F_{450/500}$ 值约为 1.4，而生物源溶解性有机物的 $F_{450/500}$ 值较大，约为 1.9（McKnight et al，2001）。城市污水管网中溶解性有机物荧光指数 $F_{450/500}$ 的沿程变化情况如图 4.9 所示。

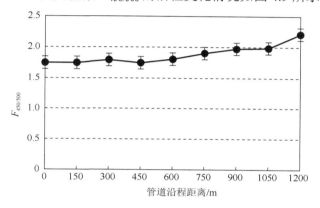

图 4.9　管网沿程中荧光指数的变化

从图 4.9 可以看出，污水在管网沿程流动的过程中，水中溶解性有机物的荧光指数呈现出一定的上升趋势，其 $F_{450/500}$ 值由最初的 1.73 在分别流经 150m、300m、450m、600m、750m、900m、1050m 和 1200m 的管段时变化为 1.74、1.75、1.79、1.75、1.80、1.97、1.98 和 2.07，所测沿程水样的荧光指数均接近于 1.9。研究表明，污水中类腐殖类物质主要是通过微生物的代谢过程产生的，表明实验测定的 DOM 中的腐殖质主要是由微生物源有机物贡献，且随污水在管网中的沿程流动，腐殖类有机物的微生物来源特性逐渐增强。

4）傅里叶变换红外特性分析

傅里叶变换红外（Fourier transformation infrared，FT-IR）光谱是用于研究有机物结构，尤其是对有机物中特定官能团进行表征的重要手段。研究表明，不同的有机物官能团对应着特定的红外吸收波长，将分子中各基团的振动形式与红外谱图中的吸收峰进行对比，就可以对有机物的分子结构进行定性比较，因此 FT-IR 光谱在对有机化合物的内部结构及性质进行测定时具有一定的可靠性。溶解性有机物常见的主要官能团总结见表 4.3。在 FT-IR 光谱中，由于酰胺 I 带以及酰胺Ⅲ带能够对样品中蛋白质的结构信息做出反应，而 $1550cm^{-1}$ 处的酰胺 I 带主要是由 C＝O 的伸缩振动所引起的主要体现了在附近，而 N＝H 弯曲振动以及 C＝N 伸缩振动则代表了 1300cm^{-1} 附近酰胺Ⅲ带。为此，对 FT-IR 光谱的酰胺Ⅰ带进行了考察。通过它们在特征谱带所体现的氨基振动模式，从而对污水中含氮化合物的结构信息进行解析。

表 4.3　溶解性有机物常见官能团的特征吸收

波数/cm^{-1}	特征官能团
3500~2500	强而宽的缔合—OH 伸缩振动吸收（$\nu_{O=H}$）
3000~2800	脂肪族 C=H 伸缩振动吸收（$\nu_{C=H}$）
1730~1710	羧酸，醛和酮类化合物中的 C=O 伸缩振动
1670~1650	酰胺类化合物中的 C=O 伸缩振动（酰胺Ⅰ带）
1640	醌类、共轭酮类官能团的 C=O 伸缩振动
1630~1590	芳环的骨架振动 C=C 吸收（$\nu_{C=C}$），H 键缔和 C=O 吸收（$\nu_{C=O}$）和酰胺键（$\nu_{O=C=N}$）等相互叠加吸收峰
1570~1550	酰胺类化合物中的 N=H 弯曲振动（酰胺Ⅰ带）
1465~1440	脂肪族化合物中的 C=H 变形
1400	包括醇或羧酸类的 O=H 弯曲振动（$\delta_{O=H}$）和酚类的 C=O 伸缩振动峰（$\nu_{C=O}$）
1250	主要为羧酸官能团的 C=O 伸缩振动（$\nu_{C=O}$）和 O=H 的变形振动（$\delta_{O=H}$）
1125~950	碳水化合物、多聚糖类物质的 C=O 伸缩振动
1000~900	=C=C 的骨架振动和伸缩振动

从图 4.10 中可以看出污水中溶解性有机物的官能团结构随管网沿程长度的增加存在一定的差异性，其中最为明显的是管网 0m、1200m 处，污水的红外光谱在 1560cm^{-1} 处的酰胺Ⅰ带所带来的差异。原水中的酰胺Ⅰ带并没有明显的吸收峰，且在 1560cm^{-1} 处的周围的谱带强而宽；而随着污水在管网分别流经 300m、900m、1200m 时，在波数 1568cm^{-1}、1573cm^{-1}、1570cm^{-1} 处的吸收峰强度呈现增强的趋势，表明溶解性有机物中氨基类化合物含量偏多，其原因可能是与微生物合成机体蛋白并向水中释放有关。

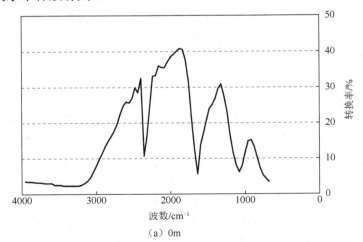

（a）0m

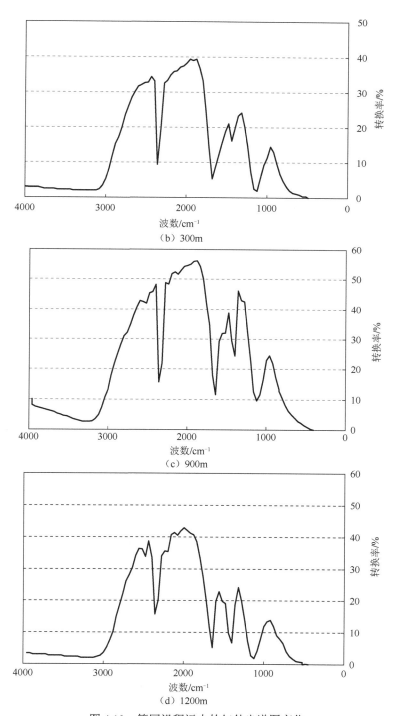

图 4.10　管网沿程污水的红外光谱图变化

5）分子量变化

为了进一步明确反应器内各组分间的变化特征，了解管网污水输送过程中有机物的降解机理，利用高效液相色谱在 UV_{254} 和荧光 E_x/E_m=230/340、对反应过程中 DOM 的分子量进行了分析测定。

利用高效液相色谱在 254nm 波长下的测定，如图 4.11 所示。反应器内溶解性有机物中腐殖质类大分子有机物以及含有 C＝C 双键和 C＝O 双键的芳香族化合物的分子量进行表征。总的来说，反应过程中所含的腐殖质类大分子有机物以及大分子蛋白尤其是以 A 峰和 B 峰为代表的物质，存在方式相对稳定，反应器内溶解性有机物的分子量主要集中于此。UV_{254} 在 8min、11～12min、16min 处有较强吸收峰，分子量主要集中在 300kDa、25.5kDa、0.14kDa（1Da=1.66054×10^{-27}kg）。出水吸收峰略有偏移，峰强减弱，污染物浓度降低，反应过程中都会监测到新的微弱吸收峰。

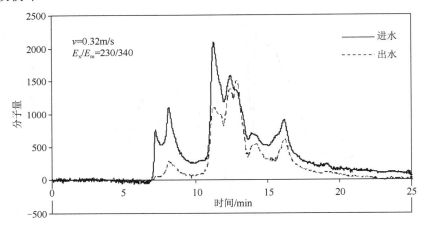

图 4.11　UV_{254} 条件下分子量分布特征

通过对荧光特性的测定，管网污水在 E_x/E_m=230/340 有类色氨酸峰 A，因此在荧光 E_x/E_m=230/335 条件下利用高效液相色谱进行测定，如图 4.12 所示。其是对反应器内溶解性有机物类色氨酸物质进行表征，也就是对反应器内类蛋白物质的表征。总的来说，反应过程中类蛋白物质的分子量主要集中在 A 峰和 B 峰，它们的存在方式相对稳定。而且还监测到 A 峰响应强度的减弱，说明在反应过程中此类物质可能迁移转化为其他物质，导致了这类物质的减少。以上分析可以看出反应过程中类蛋白物质的分子量分布较广，类蛋白物质是可生物降解的，随着时间的推移，类蛋白物质的分子量呈现减少的趋势。荧光 E_x/E_m=230/340 在 8～10min、13～15min 和 18～19min 有吸收峰，峰强均有下降趋势，分子量主要集中在 215kDa 和 3.9kDa。

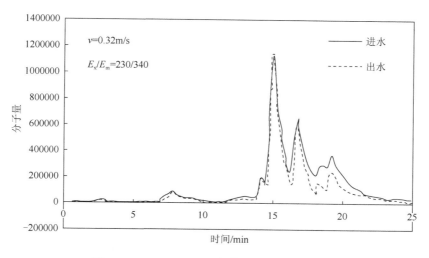

图 4.12　$E_x/E_m=230/340$ 条件下分子量分布特征

4.2　管网中氮类污染物的转移特性

4.2.1　管网水流中氮类污染物的转移转化

1. 城市污水管网中氮类污染物的赋存形态及来源

1）城市污水管网中氮类污染物的赋存形态

根据居民家庭生活污水中污染物种类与浓度的不同，可将生活污水细分为以下几个种类：仅含粪便的冲洗水（褐水，brown water）；尿液或含少量冲洗水的尿液（黄水，yellow water）；洗衣水、洗碗水、淋浴水、洗澡水和清洗水等（灰水，grey water）；尿、粪未经分离的冲厕水（黑水，black water）。

对代表性家庭的居民生活污水排放特征的监测如图 4.13 所示。结果表明，在城市居民日常生活污水中，冲厕用水约占整个生活污水的 40%；其次是洗衣废水，占污水量的 20%，洗浴废水占了 29%；最后是厨房废水，占污水量的 11%。戈蕾等（2010）选择三户典型南方城市家庭作为研究对象，对其家庭生活污水进行调查与分析，结果表明，洗浴废水（洗澡水、洗漱水）、厕所用水、洗衣废水以及厨房废水（淘米水、洗菜水和洗碗水）分别占总排水量的 28.3%、27.1%、17.2%和20.1%。

2）城市污水管网中氮类污染物的来源

生活污水中氮污染物的来源主要有三个：粪便、厨余垃圾以及洗浴废水。有研究指出，尿液中氮元素的浓度在 8000～10000mg/L，正常人每年的排尿量约为500L，其中含有 4000～5000g 的氮，且新鲜尿液中绝大部分氮元素以尿素的形态存在。对人类粪便的理化性质进行分析结果表明，粪便中的总氮含量高达68.23mg/g，其中有机氮为55.94mg/g，约占总氮的82%；无机氮含量为12.29mg/g，仅占 TN 的 18%。

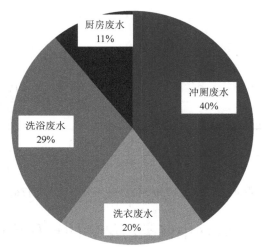

图 4.13　生活污水组成图

厨余垃圾是居民在生活过程中形成的废弃物，有机质、氮元素含量丰富，具有含水率高和易腐败发臭等特性。研究结果表明，新产生的厨余垃圾中有机氮的含量高达 21.9mg/g，占总氮的 95%，而氨氮含量不足总氮的 5%，硝氮含量不足总氮的 1%；新鲜厨余中水溶态总氮为 3.9mg/g，仅占同期固相氮的 17%；经过 15d 的好氧堆肥后，有机氮的含量降至 8.0mg/g，氨氮含量增加至 9.7mg/g，而硝氮含量则始终保持在 0.2mg/g 以下。厨余垃圾中仅有部分残渣会随冲洗水进入排水系统，其余部分则以生活垃圾的形式存在。

洗浴废水中所含有的有机污染物主要为人体皮肤的分泌物、毛发、污垢以及洗浴用合成洗涤剂等。对某宾馆的洗浴废水水质分析结果显示，水中氨氮浓度变化范围为 6.0～8.7mg/L；而对校园洗浴废水的相关研究结果表明，洗浴废水中的总氮浓度为 19～48mg/L，其中氨氮浓度为 16～43mg/L。该说明洗浴废水中氮元素的主要存在形态为氨氮。生活污水中不同来源氮类污染物排放量如表 4.4 所示。

表 4.4　不同来源氮污染物排放量一览表

来源	指标	单位	数值
粪便 （以干重计）	总氮	mg/g	38.58～68.23
	有机氮	mg/g	47.22～55.94
	无机氮	mg/g	8.95～12.29
	氨氮	mg/g	11.9

续表

来源	指标	单位	数值
尿液	总氮	mg/L	8000～10000
	尿素	mg/L	5000～9000
	氨氮	mg/L	400～500
厨余垃圾	总氮	mg/g	16.2～37.4
	凯氏氮	mg/g	16.1～27.7
	硝氮	mg/g	0.12～0.23
洗浴废水	总氮	mg/L	19.0～48.0
	氨氮	mg/L	6.0～43.0

由表 4.4 中所列数据可知，尿液中 70%～90%的氮元素以尿素的形式存在；粪便中 75%～82%的氮元素是有机氮；厨余垃圾中有机氮占总氮的 90%以上；洗浴废水中氮元素主要以氨氮的形式存在，但由于其浓度较小、对生活污水中氮污染物的比例与赋存形态影响不大。

综合分析已有研究成果可知，生活污水中氮元素的赋存形态应该以有机氮为主，如尿素等。然而，针对排入城市管网的生活污水污染负荷监测的实际情况却与上述分析结果相差甚远。李怀正等（2012）对上海市区不同规模的住宅小区污水中污染物产生系数的研究结果表明，生活污水中总氮浓度为 33～67mg/L，其中氨氮浓度为 25～44mg/L，约占总氮的 80%。李桂芳等（2001）对株洲市区具有代表性的 4 个不同地点的生活污水污染特征进行了监测，结果表明 4 个监测点污水中无机氮（硝氮、亚硝氮和氨氮）浓度的平均值为 10.59mg/L，约占污水中总氮的 65%。张德刚等（2007）对滇池流域城郊村镇排放污水中氮的特征分析结果表明，污水中总氮浓度为 136～178mg/L，其中氨氮、溶解性有机氮（dissolved organic nitrogen, DON）、颗粒态氮（particle nitrogen, PN）的浓度分别为 42～56mg/L、16～20mg/L 和 84～96mg/L，约占总氮的 35%、15%和 50%。

2. 管网氮类污染物的沿程变化规律

污水中氮的存在形式主要有两种：有机氮以及无机氮，其中有机含氮化合物的种类主要包括蛋白质、氨基酸、尿素等；而无机氮主要是以氨氮、硝氮以及亚硝氮的形式存在。由于实验配水中仅以氯化铵作为微生物生长的氮源，且实验测定的数据结果显示，污水中硝氮和亚硝氮的浓度几乎为零，表明水中的无机氮主要是以氨氮形式存在的。图 4.14 所示为污水中溶解性总氮（dissolved total nitrogen, DTN）的沿程变化情况，从图中可以看出污水中的 DTN 在经过沿程 1200m 的流动后浓度并未产生明显的改变。分析原因可能是由于反应装置在沿程中保持在厌氧条件，从而在一定程度上降低了硝化-反硝化作用的发生。

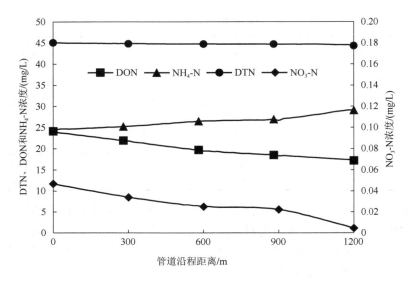

图 4.14　实际污水中 DTN、DON、NH$_4$-N 和 NO$_3$-N 浓度的沿程变化规律

如图 4.14 所示为污水中的 NH$_4$-N 在管网中的沿程变化情况，从图中可以看出 NH$_4$-N 浓度在污水管网中呈现沿程增加的趋势，由进水平均浓度的 24.5mg/L 在经过沿程 1200m 的流动后增加到 29.58mg/L。从图中可以看出 DON 浓度呈现出沿程减小的趋势，由进水平均浓度的 24.07mg/L 在经过沿程 1200m 的流动后减小到 17.44mg/L。推测原因，氮源是微生物正常生长代谢的必须营养元素之一，为了保证微生物的生长，维持生命活动的正常进行，微生物利用水体中的 NH$_4$-N 与有机物合成细胞物质以保证活性微生物的增长，同时被微生物代谢 NH$_4$-N 而合成的有机氮又通过细胞裂解、扩散等方式以溶解性微生物产物（soluble microbial products，SMP）的形式释放到周围水体中。

4.2.2　不同氮类污染物间的相互转化规律

模拟不同氮源条件下污水管网中的氮源转化，实验分三批进行，第一批为单一氮源实验条件，第二批为两种氮源混合条件，第三批为多氮源混合条件。

1. 单一氮源基质氮类营养物的沿程变化规律

1）氯化铵为氮源时管网中氮类营养物的沿程变化规律

如图 4.15 所示，当投加以氯化铵单一氮源（无机氮）时，城市污水模拟管网系统中 DTN、DON、NH$_4$-N 和 NO$_3$-N 的浓度沿程变化情况。由图 4.15 可以看出，DTN 在模拟管道沿程的 0m、150m、300m、450m、600m、750m、900m、1050m 和 1200m 处的浓度依次为 48.21mg/L、48.18mg/L、47.88mg/L、48.02mg/L、47.8mg/L、47.65mg/L、47.72mg/L、47.66mg/L 和 47.52mg/L；NO$_3$-N 在这 9 个取

样点处的浓度依次为 0.08mg/L、0.06mg/L、0.07mg/L、0.05mg/L、0.04mg/L、0.036mg/L、0.023mg/L、0.033mg/L 和 0.021mg/L。城市污水模拟管道中 NH_4-N 的浓度呈现逐渐降低的趋势，由初始浓度 48.03mg/L 经过管网沿程 1200m 的输送后减少为 43.06mg/L，降低了 4.97 mg/L，NH_4-N 浓度在经过沿程 150m、300m、450m、600m、750m、900m 和 1050m 的管段浓度分别为 47.76mg/L、47.03mg/L、46.87mg/L、45.52mg/L、45.18mg/L、44.09mg/L 和 43.34mg/L。污水中 DON 的浓度随着管网沿程输送由模拟管网始端的 0.12mg/L，经过 1200m 的流动后增加到管网末端的 4.23mg/L，其在流经 150m、300m、450m、600m、750m、900m 和 1050m 的管段处浓度分别为 0.56mg/L、0.87mg/L、1.45mg/L、1.79mg/L、2.53mg/L、3.06mg/L 和 3.65mg/L。

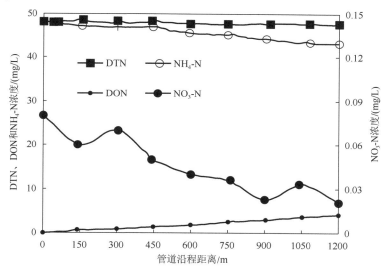

图 4.15　氯化铵为单一氮源时 DTN、DON、NH_4-N 和 NO_3-N 的浓度沿程变化规律

2）大豆蛋白为氮源管网中氮类营养物的沿程变化规律

由图 4.16 可以看出，以大豆分离蛋白为城市污水模拟管网系统中的单一氮源时，DTN 在管道沿程 0m、150m、300m、450m、600m、750m、900m、1050m 和 1200m 处的浓度分别为 49.05mg/L、48.97mg/L、48.92mg/L、49.01mg/L、48.94mg/L、48.88mg/L、48.89mg/L、48.87mg/L 和 48.82mg/L；NO_3-N 在模拟管网这 9 个取样点处的浓度依次分别为 0.05mg/L、0.047mg/L、0.046mg/L、0.039mg/L、0.035mg/L、0.04mg/L、0.027mg/L、0.029mg/L 和 0.018mg/L。NH_4-N 的浓度随管道沿程距离的增加均呈现逐渐上升的趋势，由管网始端的 0mg/L，在经过 1200m 的输送后增加到管网末端的 12.76mg/L，在流经 150m、300m、450m、600m、750m、900m 和 1050m 的管段处浓度分别为 2.73mg/L、3.98mg/L、5.79mg/L、6.22mg/L、

8.76mg/L、10.01 mg/L 和 10.98mg/L。污水中 DON 浓度随管网沿程距离的增加均呈现逐渐减小的趋势，由管网始端的 48.20mg/L，在经过 1200m 的模拟管网输送后降低到管网末端的 34.61mg/L，降低了 13.59mg/L，在流经 150m、300m、450m、600m、750m、900m 和 1050m 的管段处浓度分别为 46.77mg/L、45.12mg/L、43.45mg/L、40.78mg/L、38.09mg/L、36.44 mg/L 和 35.23mg/L。

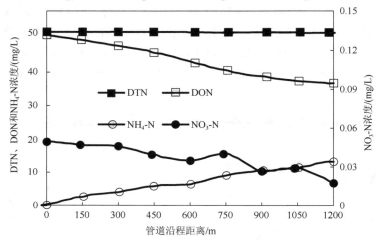

图 4.16　大豆蛋白为单一氮源时 DTN、DON、NH_4-N 和 NO_3-N 的浓度沿程变化规律

　　综合图 4.15 和图 4.16 可以看出，在给城市污水模拟管网投加不同氮源基质的条件下，污水中 DTN 浓度随管网的沿程流动变化不大，均维持在初始的浓度 48mg/L 左右，NO_3-N 浓度沿程管道中均小于 0.15mg/L，且变化幅度不大。由于城市污水管网系统中一直维持着厌氧状态，从而在一定程度上限制了硝化-反硝化作用的进行，因此污水中 DTN 和 NO_3-N 浓度的变化可能与管网内相对厌氧的环境有关。分别投加不同氮源时，其浓度的降低有两方面原因：一是同化作用；二是硝化-反硝化作用。考虑到管网内存在的厌氧环境，污水中 NH_4-N 的减少主要是由于氮源作为微生物正常生长代谢的必须营养元素之一，为了保证微生物的生长，维持生命活动的正常进行，微生物利用系统中的 NH_4-N 与有机物进行了细胞物质的合成。以氯化铵为单一氮源基质的系统中原本并没有 DON 的存在，水中 DON 浓度的增加可能是微生物为了维持机体活动的正常进行，以水中的 NH_4-N 为氮源进行细胞的合成代谢，同时微生物又将代谢过程中产生的 SMP 以细胞破裂、细胞膜扩散等方式释放到周围的水体中，引起水中 DON 浓度的升高。

　　2. 混合氮源条件下的氮源转化特性

　　模拟实际污水管网中氮的组成，对多种氮源组合条件下的氮源转化特性进行探究，实验分 A、B 两组进行，两组中的氮源组成有所不同，具体如表 4.5 所示。

表 4.5　混合氮源模拟实验的配比

实验组别	药剂		投加量/(mg/L)	折合氮/(mg/L)	比例/%	总氮/(mg/L)
A 组		NH₄Cl	60	15.7	34.66	45.3
		尿素	30	12.0	26.49	
	蛋白类	大豆蛋白	20	3.2	7.06	
		酪蛋白	20	3.2	7.06	
		胰蛋白	20	3.2	7.06	
		蛋白胨	20	3.2	7.06	
		酵母淀粉	30	4.8	10.60	
B 组	NH₄Cl		130	34.0	68.69	49.5
	大豆蛋白		35	5.6	11.31	
	尿素		22	8.8	17.78	
	KNO₃		3.5	0.5	1.01	
	三聚氰胺		1	0.6	1.21	

　　两组实验其他配水水质相同，仅在氮源组成中有所差别。实验 A 组以有机氮为主，有机氮占 65.33%，有机氮种类丰富，由 5 种蛋白组成，无机氮占 34.66%；B 组以无机氮为主，无机氮占 68.69%，有机氮 31.31%，有机氮组成单一，难溶解氮（三聚氰胺）占 1.27%。A、B 对比实验组维持稳定配水，连续运行 3 个月，待模拟系统成熟后，对该模拟系统分别取水，对不同形态氮的沿程变化进行测定，结果如图 4.17 所示。

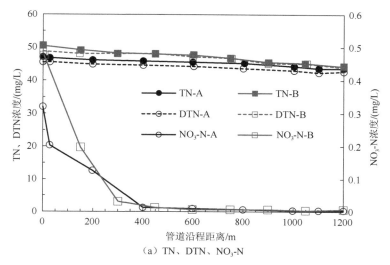

（a）TN、DTN、NO₃-N

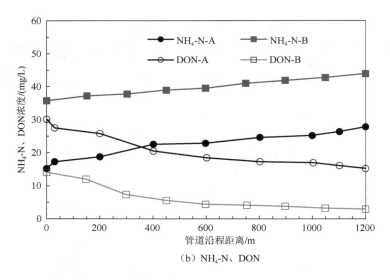

（b）NH₄-N、DON

图 4.17　混合氮源条件下的不同形态氮的沿程变化

图 4.17 是混合氮源条件下的不同形态氮的沿程变化，实验 B 组 NH₄-N 浓度由 35.43mg/L 增至 44.12mg/L，增加 8.69mg/L；DON 浓度沿程降低，实验 A 组由 0m 的 29.88mg/L 降至 1200m 的 15.10mg/L，下降 49.5%（14.78mg/L），B 组 DON 浓度由 14.06mg/L 下降至 2.69mg/L，下降了 11.37mg/L，从 NH₄-N 和 DON 的变化可知存在 DON 向 NH₄-N 的转化。图 4.18 是尿素和蛋白质两种有机氮的沿程浓度变化，可知尿素发生迅速的降解，而蛋白质在 1200m 的降解量较小。分析可知本对比实验中，NH₄-N 的主要来源为 DON 中易降解的尿素。通过图 4.17 和图 4.18

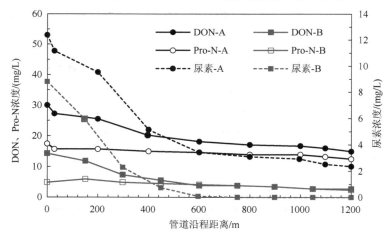

图 4.18　多种氮源对比条件下有机氮沿程变化

Pro-N 表示蛋白氮

的分析表明，在同时添加尿素、大豆蛋白、硝酸钾、氯化铵和三聚氰胺多种氮源基质时，尿素与 NO_3-N 浓度沿程降低较快，NH_4-N 沿程有着升高的趋势，而 TN 浓度沿程基本保持不变。尿素则被微生物降解转化为 NH_4-N 作进一步利用，从而使 NH_4-N 浓度有一个上升的趋势，三聚氰胺含量基本保持不变说明其作为管网微量难降解有机氮成分很难被微生物所利用，同时 TN 的稳定可能与系统中维持的厌氧环境限制硝化-反硝化作用的进行有关。

此外，在管网系统以无机氨氮、有机蛋白分别作为氮源基质的情况下，微生物均可以将其利用进行生命物质的合成。然而，在系统同时存在无机氨氮与有机蛋白的情况下，污水中 DON 的浓度沿程逐渐减小，NH_4-N 则呈现逐渐升高的趋势，分析原因可能是微生物优先利用水中的有机蛋白并将其水解为 NH_4-N 所引起的，而为了充分证明这一论断，本研究将借助 $\delta^{15}N$ 稳定同位素技术进一步对混合氮源基质条件下的 NH_4-N 及 DON 的 $\delta^{15}N$ 随管网的沿程变化情况进行测定。

4.2.3　氮类污染物的微生物代谢途径与生物利用性

1. 氮类污染物的稳定氮同位素分析

1) 稳定氮同位素基本概念

同位素是指质子数相同、中子数不同，在元素周期表中处于同一位置的一组核素。氮的同位素存在多种，其中 ^{14}N 和 ^{15}N 是稳定同位素，其他均为放射性同位素。一般情况下，大气中 C_{15_N}/C_{14_N} 较为稳定，不随环境条件的变化而发生改变，恒为 1/272。因此，在分析样品中氮同位素组成情况时，通常以大气作为标准，$\delta^{15}N$（‰，大气）值计算式（4.1）如下

$$\delta^{15}N(‰，大气) = \frac{(C_{15_N}/C_{14_N})_{样品} - (C_{15_N}/C_{14_N})_{标准}}{(C_{15_N}/C_{14_N})_{标准}} \times 1000 \quad (4.1)$$

式中，$(C_{15_N}/C_{14_N})_{样品}$ 为样品中 C_{15_N}/C_{14_N} 的丰度比；$(C_{15_N}/C_{14_N})_{标准}$ 为标准物质中 C_{15_N}/C_{14_N} 的丰度比，恒为 1/272。

氮同位素效应主要是由于氮同位素间的核自旋或核质量不同，从而导致氮同位素在化学或物理反应的速度、程度或不同物相间的分配不同。这种在物理、化学、生物反应中所表现出来的差异性称为同位素分馏。在氮同位素分馏的过程中，氮的分馏程度（ε）可以用动态分馏系数 α 表示，即在一个氮的分馏过程中，反应物 A 中的氮同位素比值和生成物 B 中的氮同位素比值的商（$\alpha_{B-A} = R_B/R_A$）。

$$\varepsilon = 1000(\alpha - 1) \quad (4.2)$$

在微生物作用下，不同形态氮之间的相互转化过程，构成了一张复杂的生态系统氮循环网络图，如图 4.19 所示。

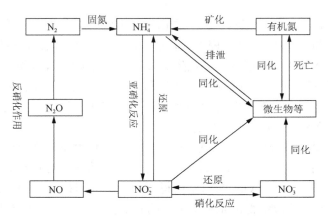

图 4.19　生态系统氮循环网络图

　　在微生物参与生态系统物质循环中，较轻的同位素往往被优先利用，因此导致在微生物参与的氮循环过程中，每一环节的生成物中均发生 ^{15}N 的贫化，而在反应物（前体物）中发生 ^{15}N 的富集。不同的氮循环过程，微生物造成的 ^{15}N 的贫化和富集作用即分馏程度各不相同，但该分馏程度相对固定，形成了某一氮循环过程特有的分馏系数变化。因此，微生物参与的氮循环过程中不同转变途径，均具有其特殊的同位素分馏系数。同时氮循环过程不可避免地受到自然界存在的化学转化、物理运输等原因的影响，这些因素的存在使原有的生化过程的分馏系数发生微小的变化。归纳总结已有研究成果，发现不同氮循环过程的分馏系数均处于某一固定的范围内，具体如图 4.20 所示。

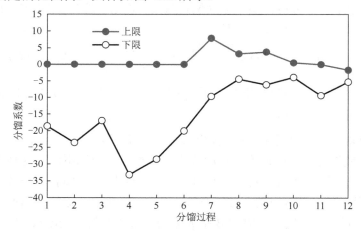

图 4.20　不同分馏过程中分馏系数的分布图

分馏过程 1～12 分别代表了发生分馏过程的类型：1-同化过程（硝酸盐转化为有机氮）；
2-同化过程（亚硝酸盐转化成有机氮）；3-同化过程（铵盐转化为有机氮）；4-硝化反应；5-还原反应；
6-反硝化反应；7-固氮反应；8-分解反应（有机氮转化成溶解性有机氮）；9-分解反应（有机氮转化为硝氮）；
10-分解反应（有机氮转化成氨氮）；11-氨基酸合成反应；12-氨挥发过程

2）多种氮源混合条下的稳定氮同位素分析

系统成熟后，对该模拟系统分别取水，按照本研究确定的最佳氮同位素预处测定系统沿程总凯氏氮（total Kjeldahl nitrogen，KTN）的浓度及 $\delta^{15}N$ 的沿程变化，用以计算管网沿程的分馏系数，结果如图 4.21 和图 4.22 所示。由图可知 A、B 两组对照试验系统中的 KTN 的分馏系数变化范围较小，均介于±1，结合氮循环分馏系数图可知，管网模拟系统中氮素的转化集中在有机氮向无机氮（氨氮）的转化阶段。

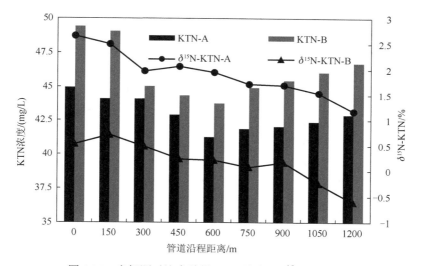

图 4.21　多氮源对比实验组 KTN 浓度及 $\delta^{15}N$ 沿程变化

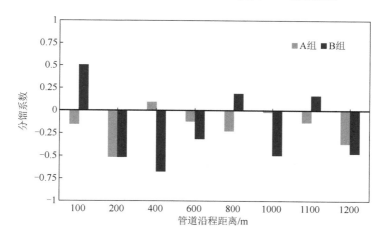

图 4.22　多氮源对比实验组分馏系数沿程变化

对两组模拟系统的分点水样进行同位素测定，得到样品中 DON 和 NH$_4$-N 的 δ^{15}N 值，结果分别如图 4.23 和图 4.24 所示。由图 4.23 可知，A、B 两组模拟系统的 DON 在 1200m 管网中的浓度均沿程降低，但其 δ^{15}N 值呈现沿程升高的趋势，即 ^{15}N 丰度[$C_{15_N}/(C_{15_N}+C_{14_N})$] 沿程升高，结合同位素的分馏原理和相关研究可知，造成这一结果的主要原因是微生物优先利用较轻的 ^{14}N，造成剩余 DON 中 ^{15}N 的富集。图 4.24 中 A、B 两组模拟系统的中 NH$_4$-N 在 1200m 管段中浓度均沿程升高，但其 δ^{15}N 值均呈现沿程降低的趋势，即 ^{15}N 丰度[$C_{15_N}/(C_{15_N}+C_{14_N})$] 降低，结合微生物分馏原理，NH$_4$-N 中的 C_{15_N} 总量未发生变化或发生极其微弱的增加，但随着有机氮向 NH$_4$-N 的转化，$C_{15_N}+C_{14_N}$ 总量增大，造成 ^{15}N 丰度和 C_{15_N} 得降低。

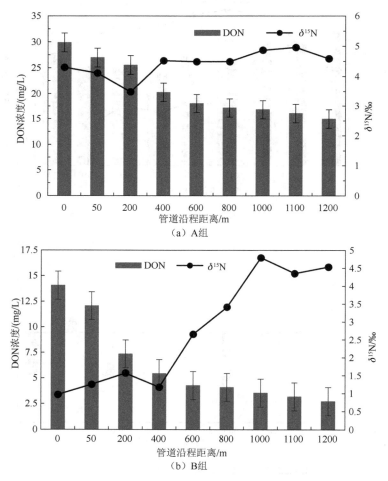

（a）A组

（b）B组

图 4.23　多氮源对比实验组 DON 浓度及 δ^{15}N 值沿程变化

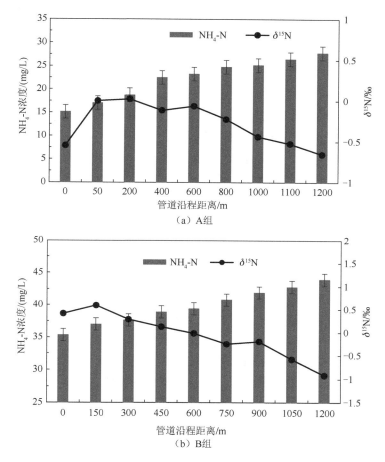

（a）A组

（b）B组

图 4.24　多氮源对比实验组 NH_4-N 浓度及 $\delta^{15}N$ 值沿程变化

结合有机氮：无机氮=1：1 实验组实验结果和 A、B 对照实验组的水质浓度和稳定氮同位素结果可知，在污水管网不同氮源条件下，均发生有机氮向无机氮的转化，与无机氮和有机氮的分配比例不存在直接关系，即只要存在有机氮，就会发生有机氮的分解和氨化作用，从而造成 DON 浓度降低的同时，产生 ^{15}N 的富集，而 NH_4-N 产生积累，并建立相对贫化的 ^{15}N 库。

对有机氮的降低量和 NH_4-N 的增加量进行核算对比发现，有机氮减少的量均大于 NH_4-N 的增加量，说明有机氮向 NH_4-N 的转化是其降低的主要途径，但同时依然存在其他途径有机氮的迁移转化。推测在有机氮氨化过程参与的氨化细菌，在实现有机氮向 NH_4-N 的转化过程中，以有机氮为作为能量和氮源，满足自身生长和繁殖的需求。结合 $\delta^{15}N$ 测定结果，可以总结得出在以 NH_4-N 作为无机氮和以蛋白质作为有机氮共存的城市污水模拟管道系统中，微生物会优先选择系统中较容易吸收的有机蛋白作为维持其生长的氮源，将有机氮吸收利用，转化合成为供其生存必需的生命物质。

2. 微生物作用下有机蛋白的合成与利用机制

微生物的生长同其他生物一样，必须从环境中摄取多种营养才能生存，并在合适的营养条件下得以正常的生长繁殖。其中碳源和氮源是微生物生长最重要的营养元素，对其生长至关重要。氮源作为其中一类必需的营养物质，包括简单的无机氮（如氨水、硝酸盐）、复杂的含氮有机化合物等均可以被微生物利用。一般情况下，微生物氮源同化的途径包括两种：一种是从环境中直接吸收氮源物质，另一种是胞内合成自身所需的含氮化合物。因此，为了明确有机蛋白在污水中的合成与利用情况，对不同氮源基质条件下污水中 DON 的组成进行测定。

表 4.6、图 4.25 所示为以氯化铵作为氮源时，污水中 DON 各组分含量随管网沿程的变化情况。如表 4.7 中所示，污水中产生的 DON 绝大多数是以氨基酸的形式存在。其中，游离态氨基酸（DFAA）（如精氨酸、丙氨酸、异亮氨酸）的含量随管网沿程距离的延长呈现上升的趋势；而水中结合态氨基酸（DCAA）（如蛋白质、多肽）的含量伴随着 DFAA 含量的增加呈现出一定的升高趋势，主要原因在于氮源的代谢是微生物生长所需最基本的物质代谢之一，生物体生命的产生、存在和消亡均与蛋白质有着密切关系，而氨基酸作为构成生物体蛋白质并同生命活动有关的最基本物质，无疑是生物体内不可缺少的营养成分之一。

表 4.6　无机氮源条件下 DON 的组成及浓度　　　（单位：mg/L）

管道沿程距离/m	DFAA					
	丝氨酸	甘氨酸	精氨酸	苏氨酸	丙氨酸	脯氨酸
0	0±0.001	0±0.001	0.011±0.004	0.011±0.007	0±0.0016	0±0.011
300	0.12±0.016	0.057±0.011	0.063±0.011	0.328±0.008	0.125±0.023	0.069±0.008
900	0.09±0.015	0.022±0.002	0.133±0.031	0.023±0.003	0.097±0.013	0.072±0.001
1200	0.105±0.017	0.034±0.017	0.124±0.021	0.029±0.011	0.051±0.017	0.074±0.009

管道沿程距离/m	DFAA			DCAA		
	色氨酸	异亮氨酸	其他	蛋白质	核酸	其他
0	0.017±0.003	0±0.0012	0±0.0006	0.001±0.002	0.013±0.002	0±0.005
300	0.065±0.015	0.133±0.02	0.009±0.0015	0.067±0.007	0.063±0.019	0.019±0.011
900	0.06±0.007	0.069±0.002	0.011±0.0017	0.053±0.013	0.046±0.006	0.023±0.005
1200	0.084±0.021	0.115±0.025	0.015±0.01	0.074±0.029	0.063±0.021	0.030±0.019

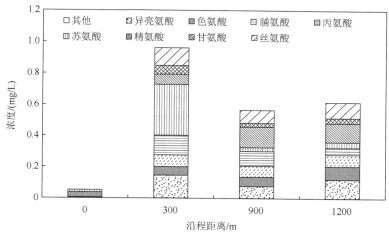

图 4.25　单一无机氮源条件下的氨基酸分布

表 4.7　有机氮源条件下 DON 的组成及浓度　　　　　　（单位：mg/L）

距离/m	DFAA							
	天冬氨酸	谷氨酸	丝氨酸	组氨酸	精氨酸	丙氨酸	脯氨酸	酪氨酸
0	0±0.002	0.01±0.002	0±0.007	0.004±0.001	0.05±0.009	0.004±0.012	0.007±0.003	0.006±0.001
300	0.011±0.003	0.011±0.006	0±0.004	0.148±0.036	0.233±0.062	1.365±0.19	0.008±0.002	0.006±0.004
900	0.01±0.009	0.011±0.005	0.008±0.01	0.038±0.004	0.266±0.18	2.08±0.55	0.01±0.013	0.013±0.005
1200	0.01±0.008	0.011±0.013	0.008±0.009	0.118±0.031	0.175±0.11	2.1±0.83	0.012±0.006	0.012±0.008

距离/m	DFAA				DCAA			
	缬氨酸	亮氨酸	赖氨酸	其他	蛋白质	其他	核酸	其他
0	0±0.0015	0±0.003	0.035±0.0075	0±0.0006	0.013±0.002	0±0.005	0.013±0.002	0±0.005
300	0.011±0.002	0.009±0.01	0.04±0.0056	0.009±0.0015	0.063±0.019	0.019±0.011	0.063±0.019	0.019±0.011
900	0.013±0.0093	0.009±0.002	0.043±0.0051	0.011±0.0017	0.046±0.006	0.023±0.005	0.046±0.006	0.023±0.005
1200	0.018±0.0054	0.01±0.006	0.055±0.0043	0.015±0.01	0.063±0.021	0.030±0.019	0.063±0.021	0.030±0.019

　　一般而言，根据不同的生物合成途径可将微生物同化 NH_4-N 合成 DFAA 的过程归结为酮戊二酸、草酰乙酸、丙酮酸、甘油酸-3-磷酸、赤藓糖 4-磷酸与烯醇式丙酮酸磷酸等主要的代谢类型；而污水中的 DFAA 又将进一步在微生物体内进行脱氨基、脱羧基等代谢活动以合成蛋白质、胺类等复杂的含氮有机化合物，具体的微生物转化 NH_4-N 合成有机氮的形成途径如图 4.26 所示。

　　表 4.7、图 4.27 所示为以有机蛋白作为氮源基质时污水中溶解性有机氮的变化情况。如表 4.7 所示，污水中的 DON 除人工添加的蛋白质外，其余形式的 DON 伴随着污水管网长度的增加而有所形成，其中，污水中不同种类 DFAA 的含量增加尤为明显，表明污水中的蛋白质在微生物体内水解产生的多肽、氨基酸和氨是微生物生长的直接氮源。由此认为，污水中的有机蛋白首先将在微生物胞外水解酶的作用下生成寡肽，进而降解成更小的小肽和 DFAA，微生物利用这些分解产物合成微生物蛋白质供机体利用，从而为其生命活动提供需要。其有机蛋白可能

的代谢途径如图 4.28 所示。

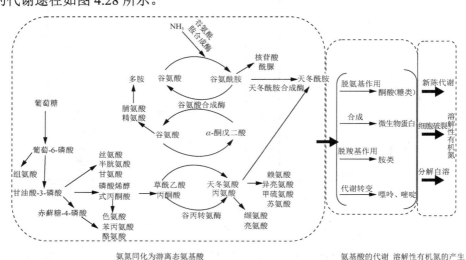

氨氮同化为游离态氨基酸　　　　　　　氨基酸的代谢 溶解性有机氮的产生

图 4.26　无机氮源中溶解性有机氮的形成途径

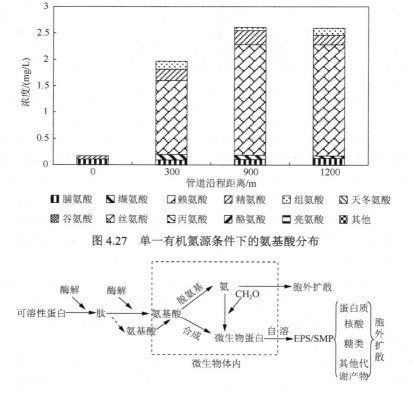

图 4.27　单一有机氮源条件下的氨基酸分布

图 4.28　有机氮源中溶解性有机氮的合成途径

　　对比两种单一氮源条件下氨基酸的数据变化可以发现，无机氮做氮源时，管网水质中也存在微量的 DFAA，无机氮经微生物经代谢以有机质的形式代谢排出体外；当有机氮存在时，氨基酸总量更大，种类更加丰富，有机氮可以分解转化为氨基酸，但氨基酸主体较为集中。

　　同时对多氮源混合模拟系统的氨基酸分布进行测定，结果如图 4.29。实验 A 组氨基酸种类丰富，共出现 16 种氨基酸，与其丰富的蛋白质种类（5 种）有一定关系，以苏氨酸、甲硫氨酸、天冬氨酸、组氨酸等为主体；管道沿程氨基酸浓度不断增加，丰富度也提高。实验 B 组氨基酸种类相比于 A 组丰富度不高，共出现

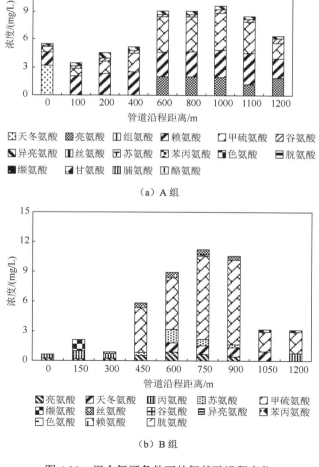

图 4.29　混合氮源条件下的氨基酸沿程变化

13 种氨基酸，以甲硫氨酸为主体；管道沿程氨基酸浓度和丰富度不断增加，在 600～900m 处最大。对两组实验的氨基酸浓度最大处的氨基酸组成进行对比，如图 4.29 所示，两组实验在浓度最大处的氨基酸丰富的相差不大；A 组氨基酸主体分散，甲硫氨酸占 32.67%、苏氨酸占 29.86%，天冬氨酸占 19.63%，占总氨基酸的 82.16%；B 组氨基酸主体较为单一，甲硫氨酸占 66.24%。

3. 微生物作用下城市污水管网中氨氮合成有机氮的机制

氮源代谢是微生物体内最基本的物质代谢之一，是微生物正常生长发育的物质基础。由于微生物体内的氨基酸以及其他的含氮化合物均来自于氨，因此氨的同化作用是微生物体内氮代谢的核心。大量研究结果显示，不同的生物合成途径能够产生不同类型的氨基酸种类，生物合成氨基酸的过程均可将其归结为几种最主要代谢途径。

1）酮戊二酸衍生类型

利用 α-酮戊二酸作为前体进行催化合成的氨基酸种类包括脯氨酸、谷氨酰胺、谷氨酸以及精氨酸。首先在谷氨酸类合成酶的催化下 α-酮戊二酸与水中的 NH_4-N 进行还原氨基化从而生成谷氨酸；随后 NH_4-N 与谷氨酸在谷氨酰胺合成酶的生物作用下消耗能量进一步合成谷氨酰胺；此外，谷氨酸中所含有的羧基被进一步还原成半醛基，同时进行环化合成二氢吡咯-5-羧酸，该中间产物再在二氢吡咯还原酶的催化作用下形成脯氨酸；精氨酸的合成主要是通过谷氨酸在转乙酰基酶的催化作用下生成乙酰谷氨酸同时在其他酶作用下消耗能量完成的。

2）草酰乙酸衍生类型

谷氨酸与草酰乙酸在谷酰转氨酶的催化作用下合成天冬氨酸；在以天冬氨酸作为中间产物的前提下微生物进一步将其合成甲硫氨酸、赖氨酸以及与丙酮酸作用合成异亮氨酸；此外，高丝氨酸的合成可以通过天冬氨酸作为中间代谢产物来合成，苏氨酸进一步由高丝氨酸在苏氨酸合成酶的催化作用下转变形成。

3）丙酮酸衍生类型

利用丙酮酸作为前体进行催化合成的氨基酸种类包括缬氨酸、丙氨酸、亮氨酸等三种氨基酸，具体而言，在谷-丙转氨酶的催化作用下，谷氨酸与丙酮酸可以合成丙氨酸；而异亮氨酸以及缬氨酸的合成则主要是通过相应的丁酮酸和丙酮酸与活性乙醛基缩合后进行甲基、乙基的自动位移，再经转氨基作用形成异亮氨酸和缬氨酸；亮氨酸的合成途径则主要从丙酮酸开始形成 α-酮异戊酸，再由亮氨酸转氨酶催化与谷氨酸转氨形成。

4）甘油酸-3-磷酸衍生类型

丝氨酸和甘氨酸合成主要是通过糖酵解过程的中间产物甘油酸-3-磷酸作为起始物质，甘油酸-3-磷酸中的 α-羟基在磷酸甘油酸脱氨酶的催化下由辅酶 NAD^+

脱氢形成 3-磷酸羟基丙酮酸，再经磷酸丝氨酸转氨酶催化由谷氨酸转来氨基形成 3-磷酸丝氨酸，3-磷酸丝氨酸经过磷酸丝氨酸磷酸酶的作用脱去磷酸形成丝氨酸；丝氨酸在丝氨酸转羟甲基酶作用下进一步脱去羟甲基形成甘氨酸。

5）赤藓糖 4-磷酸与烯醇式丙酮酸磷酸衍生类型

以赤藓糖 4-磷酸作为中间产物的氨基酸种类主要包括酪氨酸、苯丙氨酸以及色氨酸，这三种氨基酸主要是通过烯醇式丙酮酸磷酸在微生物酶的作用下转变生成分支酸，这些分支酸同时将在氨基苯甲酸酶的合成作用转变生成成邻氨基苯甲酸，从而最终生成色氨酸；此外，上述产生的分支酸还能够通过另外的途径生成预苯酸，并由预苯酸脱氢酶的作用转化为对羟基丙酮酸，最后生成酪氨酸；苯丙氨酸的合成则是通过预苯酸在预苯酸脱水酶作用下转变成苯丙酮酸而形成的。

6）组氨酸的生物合成

氨基酸中组氨酸额合成过程通常比较繁琐，它主要是由磷酸核糖焦磷酸将核糖-5-磷酸部分连接到 ATP 分子中嘌呤环的氮原子上生成中间产物 N-1（核酸-5-磷酸）-ATP，经过一系列反应最后合成组氨酸。

研究表明，游离态氨基酸在生物体内的代谢有两种作用方式：一种是在微生物生理活动中将其转化为体内自身的组织蛋白、糖类等；另一种是利用脱氨基作用、转氨基作用以及联合脱氨或脱羧的作用将氨基酸转化为α-酮酸、胺类及二氧化碳等物质。氨基酸分解所生成α-酮酸可生成糖、脂类和其他非必需氨基酸，也可由三羧酸循环氧化生成二氧化碳和水。因此，可将氨基酸在微生物细胞内的代谢途径归结为四类，具体如图 4.26 所示。

污水中溶解性有机氮的来源主要分为内源与外源，其中内源是指微生物代谢过程中所产生溶解性微生物产物（蛋白质、氨基酸及核酸等）以溶解态的形式释放到水体中。由此认为溶解性有机氮的产生主要是通过氨基酸的代谢来实现的，其形成途径主要包括三种：①水体中的微生物在新陈代谢过程中排泄出含氨基酸的排泄物；②微生物细胞裂解释放出的细胞液；③微生物死亡后的尸体分解、自溶等产生各种形态的氨基酸。

4.3　管网中磷类污染物的转移转化

4.3.1　管网水流中磷类污染物的转移转化特性

模拟实际城市污水管网正常配水，在水力条件 30m³/h、0.6m/s、充满度 0.5 及坡度 3‰条件下对 TP 在管道中的变化规律进行分析。图 4.30 中进水 TP 平均为 7.34mg/L，出水平均为 6.71mg/L，图 4.31 为 6h 内 TP 在污水管道中的变化情况，可以看出变化较小，可能与管道中相对稳定的缺氧环境有关，磷的有效去除主要是通过聚磷菌在厌氧状态下释放磷、好氧状态下吸收磷的过程才能完成，因此需在厌氧/好氧交替的环境中才可以实现磷的有效去除（张鑫等，2010）。

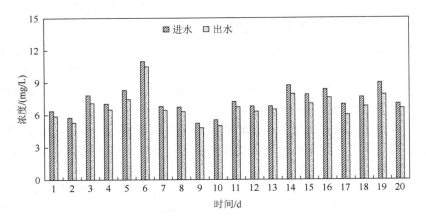

图 4.30 TP 浓度的日变化规律

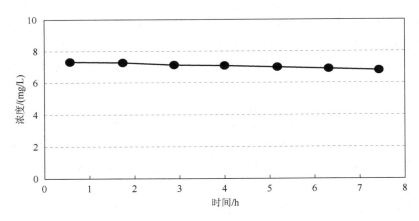

图 4.31 TP 浓度的时变化规律

4.3.2 不同磷类污染物间的相互转化规律

磷是导致水体富营养化的主要因子，水体富营养化会引起水藻类大量繁殖，进而消耗水体中的溶解氧，使得水体含氧量急剧下降并影响其生态系统。由于磷的化学性质不稳定，导致自然界中磷只能以化合态的形式存在，环境中磷的形态大致可归结为有机磷、无机磷以及还原态 PH_3 三种。其中，污水中的磷最主要的形态包括聚磷酸盐（Poly-P）、正磷酸盐和有机磷。通常情况下，城市生活污水中磷的浓度较高且主要是以可溶性的磷酸盐存在，其平均浓度为 12mg/L。城市生活污水中磷的存在形式以正磷酸盐和聚磷酸盐（焦磷酸盐、偏磷酸盐）为主，有机磷仅占其中的少部分。通常情况下，聚磷酸盐和有机磷能够在微生物的代谢活动中转化生成正磷酸盐。因此，为了充分理解污水中不同磷酸盐在管网中的迁变规律，本小节针对正磷酸盐、焦磷酸盐随管网沿程的转化特性进行了研究。

1）正磷酸盐的沿程变化规律

如图 4.32 所示为污水中的正磷酸盐在管网中的沿程变化情况。从图中可以看出正磷酸盐的浓度在污水管网中呈现逐渐减小的趋势，由初始平均浓度的 8.59mg/L 在经过管道 1200m 的流动后降低到 6.62mg/L，其中在分别流经 150m、300m、450m、600m、750m、900m、1050m 和 1200m 的管段处所测得正磷酸盐的平均浓度为 7.67mg/L、7.61mg/L、7.47mg/L、7.17mg/L、6.85mg/L、6.58mg/L、6.79mg/L 和 6.62mg/L。研究表明，好氧条件下，污水中的正磷酸盐能够被聚磷菌一类微生物转化为聚磷颗粒储存在细胞内以达到正磷酸盐从液相中去除的效果，由于污水管网处于厌氧状态，管网中正磷酸盐浓度呈现出的沿程减小的趋势可能与管网中所处的厌氧环境抑制了细胞内聚磷酸盐的合成有关。

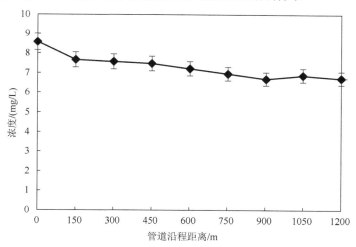

图 4.32　管网中正磷酸盐浓度的沿程变化

2）焦磷酸盐的沿程变化规律

如图 4.33 所示为污水中的焦磷酸盐在管网中的沿程变化情况。从图中可以看出，焦磷酸盐的浓度随管网长度的增加呈现减小的趋势，由初始平均浓度的 8.55mg/L 在经过管道 1200m 的流动后降低为到 5.68mg/L，其中在分别流经 150m、300m、450m、600m、750m、900m、1050m 和 1200m 的管段处所测得焦磷酸盐的平均浓度为 8.23mg/L、8.12mg/L、7.76mg/L、7.5mg/L、6.98mg/L、6.43mg/L、5.74mg/L 和 5.68mg/L。研究表明，当污水 pH 在 6.5～8 的条件下焦磷酸盐几乎不发生水解，而只有在细菌产生的生物酶作用下才能加快这一转化过程，由于污水中的 pH 始终维持在 6.8～7.5，因此水中的焦磷酸盐浓度的降低可能与生物酶的转化有关。

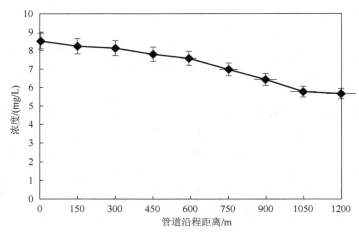

图 4.33　管网中焦磷酸盐浓度的沿程变化

4.3.3　磷类污染物的微生物代谢途径与生物利用性

1）污水中正磷酸盐的转化特性

如图 4.34 所示为污水中以正磷酸盐作为磷源时，管网沿程各段不同形态磷酸盐的变化情况。从图中可以看出，污水中磷酸盐的形态随管道沿程距离的增加逐渐增多，主要包括正磷酸盐、焦磷酸盐和一些其他形态的磷酸盐，其中正磷酸盐

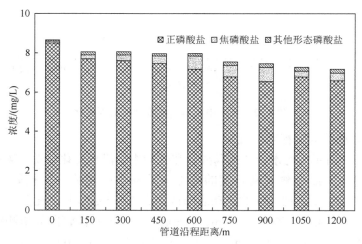

图 4.34　正磷酸盐作为磷源时污水中磷酸盐的组成

的浓度随管道沿程距离的增加呈现微弱的下降趋势，焦磷酸盐的浓度有所升高。由于污水中正磷酸盐的去除主要是通过具有特殊代谢能力的聚磷菌一类微生物在好氧条件下将水中大量的正磷酸盐转化为聚磷酸盐，并储存在细胞内完成的。由此表明，水中焦磷酸盐的形成与微生物体内细胞的代谢活动有关，而正磷酸盐的浓度变化较小可能与管网相对厌氧的环境有关。

2）污水中焦磷酸盐的转化特性

如图 4.35 所示为污水中以焦磷酸盐作为磷源时，管道沿程各段中不同磷酸盐的变化情况。从图中可以看出，随着管道沿程距离的增加，污水中焦磷酸盐的浓度逐渐减少，正磷酸盐的浓度呈现增多的趋势，其中在管网 1200m 处污水中焦磷酸盐和正磷酸盐的浓度分别为 5.68mg/L 和 2.13mg/L，占总磷浓度的 72%和 27%。数据结果表明，污水中部分焦磷酸盐转化生成了正磷酸盐，由于污水中焦磷酸盐的降低一般是通过酸性条件下水解或者在细菌产生的生物酶作用下转化为正磷酸盐引起的，图 4.35 中表明污水的 pH 随管网沿程始终维持在 6.8～7.5，因此可以推断焦磷酸盐浓度的降低主要与微生物作用有关。

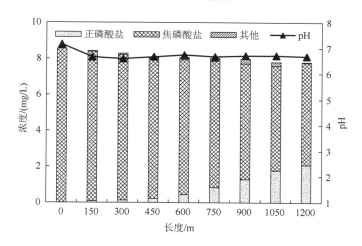

图 4.35　焦磷酸盐作为磷源时污水中磷酸盐的组成

此外，生物除磷的原理主要是利用聚磷菌一类微生物在厌氧/好氧交替运行的条件下，通过磷的释放以及过量吸收来完成的，在不含有硝氮的厌氧环境中，聚磷菌主要是将污水中产生的 VFA 转移到细胞内，使之同化为碳源储存物，而该过程中所需的能量主要是由聚磷酸盐水解产生正磷酸盐来提供的。由此表明，正磷酸盐的增多主要是由微生物酶的水解作用引起的，具体的转化途径如图 4.36 所示。

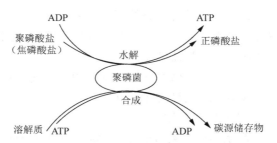

图 4.36 焦磷酸盐转化生成正磷酸盐的途径

参 考 文 献

戈蕾, 葛大兵, 2010. 城市家庭生活污水水量调查与水质分析[J]. 环境科学与管理, 35(2): 16-17.

郝瑞霞, 曹可心, 邓亦文, 2007. 三维荧光光谱法表征污水中溶解性有机物[J]. 分析试验室, 26(10):41-45.

金鹏康, 郝晓宇, 王宝宝, 等, 2015. 城市污水管网中水质变化特性研究[J] 环境工程学报, 3(9):1010-1011.

李桂芳, 孟范平, 李科林, 2001. 株洲市生活污水污染特征研究[J]. 中南林业科技大学学报, 21(2): 23-28.

李宏斌, 刘文清, 王志刚, 等, 2007. 基于三维荧光光谱技术的多组分分析浓度校准方法研究[J]. 量子电子学报, 24(3): 306-310.

李怀正, 张璐璇, 汤霞, 等, 2012. 城市排水管道中硫化氢产气原因及影响因素分析[J]. 环境科学与管理, 37(4): 95-97.

王怡, 柯莉, 刘雄科, 等, 2013. 模拟回用水管道微生物膜特征及其对铁、锰的富集[J]. 中国给排水, 29(19):1-3.

夏星星, 冯良, 2010. 管道绝对当量粗糙度的取值及其影响分析[J]. 上海煤气, (2): 10-12.

张德刚, 汤利, 陈永川, 等, 2007. 滇池流域典型城郊村镇排放污水氮、磷特征分析[C]. 全国农业环境科学学术研讨会: 2245-2250.

张鑫, 袁林江, 陈光秀, 等, 2010. SBR脱氮系统污泥对磷的去除研究[J]. 环境工程学报, 4(5): 1003-1007.

BAKER A, 2002. Fluorescence excitation-emission matrix characterization of river waters impacted by a tissue mill effluent[J]. Environmental Science &Technology, 36(7): 1377-1382.

HVITVED J T, RAUNKJAER K, NIELSEN P H, 1995. Volatile fatty acids and sulfide in pressure mains[J]. Water Science &Technology, 31(7):169-179.

HVITVED J T, VOLERTSEN J, MATOA J S, 2002. The sewer as a bioreactor-a dry weather approach[J]. Water Science&Technology, 45(3): 11-24.

LEU H G, OUYANG C F, SU J L, 1996. Effects of flow velocity changes on nitrogen transport and conversion in an open channel flow[J]. Water Research, 30(9): 2065-2071.

MCKNIGHT D M, BOYER E W, WESTERHOFF P K, et al., 2001. Spectrofluorometric characterization of dissolved organic matter for indication of precursor organic material and aromaticity[J]. Limnology and Oceanography, 46 (1): 38-48.

RAUNKJAER K, NIELSEN P H, HVITVED J T, 1997. Acetate removal in sewer biofilms under aerobic conditions[J]. Water Research, 31(11): 2727-2736.

TANAKA N, HVITVED J T, 1998. Transformations of wastewater organic matter in sewers under changing aerobic / anaerobic conditions[J]. Water Science &Technology, 37(1):105-113.

TANAKA N, TAKENAKA K, 1995. Control of hydrogen sulfide and degradation of organic matter by air injection into a wastewater force main[J]. Water Science&Technology, 31(7):273-282.

WARITH M A, KENNEDY K, REITSMA R, 1998. Use of sanitary sewers as wastewater pre-treatment systems[J]. Waste Management, 18(4): 235-247.

第5章 城市污水管网中的生物膜菌群分布特性

早期对污水管网的研究中,学者发现有多种微生物的存在(Vincke et al., 2001)。在研究城市污水经过污水管网后的水质变化时,发现在管网中放置的载体上形成了一层的生物膜,这将此类研究向前推进了一步,学者们也开始对管网中的微生物进行重点关注及研究(Tanji et al., 2006)。研究者将管网中形成的生物膜取样进行横剖处理以研究其中微生物的活性及群落分布(Jiang et al., 2009; Chen et al., 2003)。

管网是适合微生物生存的场所,这与其中的环境密不可分,适宜的生存环境条件对微生物的生长繁殖及对水质的转化作用大有益处。相关学者已对污水管网生物膜内部的 pH、DO 和 ORP 有一定的研究(Nielsen et al., 2005; Yongsiri et al., 2005; Jensen, 1995)。管网沿程的生物膜中微生物结构形态存在较大的差异,说明管网沿程不同位置处的生物种类有差别,对水质的转化过程发挥的作用也是不同的。

通过研究管网微生物与污水中污染物的关系可知,污水在流经管网过程中,生物膜中的微生物会经过一定的生化反应对污水中的污染物进行转化(孙光溪,2016;杨柯瑶,2016;王斌,2015;任武昂,2015;王宝宝,2014;郭海泉,2014;郝晓宇,2014)。这些污染物如碳源、氮源等为微生物提供了大量的食物,而粗糙的管道内壁又为微生物提供了生长的空间。管网中微生物在生长繁殖的同时对污水中的污染物包括 COD、氮类污染物、硫酸根等具有一定的转化作用,对后续污水处理厂的工艺参数设计及运行都存在影响(Chen et al., 2003, 2001, 2000; Tanaka et al., 1995; Raunkjaer et al., 1995)。因此,对管网中的生物膜进行研究具有重要意义。

5.1 管网生物膜的形成过程

对新建污水管网开始运行至生物膜成熟期间进行研究对于新建污水处理厂的设计、初期调试及后期运行具有重要意义。新建污水处理厂后,则需要规划设计新的污水管网,将污水从用户输送至污水处理厂。管网内底管壁上会逐渐生成一层由微生物、胞外聚合物等组成的生物膜,生物膜中的微生物可对污水中的污染物进行转化。而一般对污水处理厂进行设计时采用的进水水质为用户的出水水质,因此需要对污水管网中生物膜的动态变化过程进行研究,从而调整污水处理厂的设计水质。

5.1.1 管网生物膜的动态变化特征

管网生物膜在形成过程中，生物膜中的微生物菌群结构不断演变，并在生物膜形成后期逐渐稳定，期间生物膜的厚度以及生物膜外观形态会不断改变并最终趋于稳定。

1. 生物膜厚度变化特征

生物膜的厚度可通过微小电极测定分析。微小电极测定生物膜厚度的原理为：当微电极处于管网原水中时，检测线较为平滑，当微电极进入生物膜内部时，检测线开始发生突变，而当微电极从生物膜中穿透进入原水时，检测线突变后恢复平滑，因此可以根据检测线的变化趋势来确定生物膜厚度。图 5.1 是对管网生物膜形成至 75d 时管网 100m 处的生物膜内 ORP 测定结果，通过分析 ORP 的变化趋势，得出此时该位置的生物膜厚度，此处的微电极监测点位置表示微电极探测点到生物膜底部的距离，0μm 处表示生物膜底层。

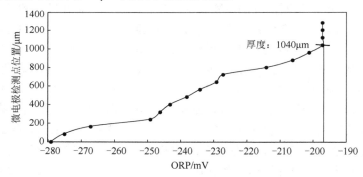

图 5.1　生物膜形成至 75d 时管网 100m 处膜内 ORP 变化

由图 5.1 可知，随着微电极探测针头向下，ORP 值一直稳定在−197mV，当探测位置在离生物膜底层为 1040μm 时，ORP 值发生突变，大幅降低至最小值−279mV。从图中可知，75d 时管网 100m 处的生物膜厚度为 1040μm，通过 DO 及 pH 的变化趋势可以得出相同的厚度结果。采用此方法，将其他时间点管网沿程的生物膜厚度进行分析，结果见图 5.2。

由图 5.2 可知，生物膜形成过程中，其厚度呈现逐渐增加并在 75d 稳定的趋势。生物膜厚度在生物膜形成初期增长速率较大，而在生物膜形成后期，膜厚度增长速率逐渐减小并趋于零。这是由于生物膜形成初期时，其中的微生物处于对数增长期，微生物数量的增长速率较高，导致生物膜厚度增加较快；生物膜形成后期，微生物生长繁殖速率很小，导致生物膜厚度增加速率很小。

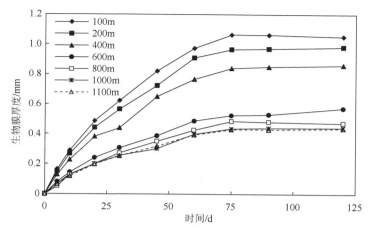

图 5.2　管网生物膜厚度变化

对比管道沿程各位置的生物膜厚度可知，生物膜厚度逐渐减小，管网 600m 后生物膜厚度的变化幅度较小，管网 1000m 后生物膜厚度基本不变。主要原因是城市污水在管网初始端的营养物质较丰富，微生物利用这些物质不断生长繁殖，生物膜厚度增长迅速，当污水流经管网中段时，污水中的营养物质逐渐消耗，导致微生物的增长速率逐渐变缓，同时微生物种群结构逐渐稳定，因此该管网段生物膜厚度达到峰值，而由于管网末端环境因子变化较大，DO 等因素影响着生物膜厚度变化，在管网末端生物膜厚度存在着轻微的降低趋势。

2. 生物膜结构形态变化特征

国外对管网生物膜的形态结构已有一些研究。Jiang 等（2009）对一套 1478m 的城市污水管网系统进行模拟研究，通过扫描电镜观察管网生物膜的剖面结构可知，生物膜从表面到底层表现为密度逐渐增大，即生物膜表面较为松散，接近底层处生物膜较为致密。

借助一套 1200m 的城市污水管网系统对管网沿程成熟后的生物膜取样进行扫描电镜分析（王宝宝，2014）。结果表明，在管网初始段 400m 距离内，生物膜呈现粗糙不平的形态，且结构较为疏松，微生物呈现链球状、链杆状等形状，在管网中段即 600m 距离处，生物膜平整、致密，出现了形态不规则的球状菌，链杆状菌、球杆状菌有所减少，而到管网末端即 1100m，膜内有大量的胞外聚合物（EPS）出现，微生物被 EPS 包围，菌群由大量不规则形态的球状菌群及少量杆状菌构成，生物膜内部孔隙减少。

然而，对于管壁初期形成的生物膜变化特征至今研究不多，对此本小节对管网生物膜在其形成过程中从沿程及剖面两个方面对管网生物膜进行电镜观察，以反映管网中微生物群落的演变过程。

　　1）生物膜表面形态特征

　　通过扫描电镜对生物膜形成至 5d、10d、20d、30d、60d、75d、90d 和 120d 时，管网沿程 100m、200m、400m、600m、800m、1000m 和 1100m 处的生物膜结构形态进行分析。图 5.3 为管网生物膜形成至成熟期间，管网 100m 处的生物膜扫描电镜结果。由图 5.3 可知，生物膜形成过程中，丝状真菌逐渐减少，30d 时减至最少，稳定一段时间后，在 60d 左右菌丝开始有一定程度的增加。生物膜形成初期，可用于分解有机物的细菌所占比例较小，丝状真菌替代该类细菌对污水中的有机物进行分解，随着生物膜形成时间的增加，该类细菌逐渐增多，丝状真菌所占比例减小；生物膜形成后期，增加的真菌菌丝主要用于对微生物残骸进行分解，120d 时菌丝增加至最多。

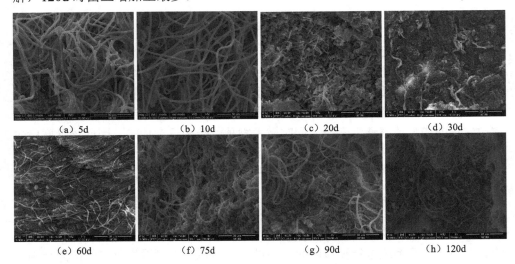

　　　(a) 5d　　　　　　　(b) 10d　　　　　　　(c) 20d　　　　　　　(d) 30d

　　　(e) 60d　　　　　　　(f) 75d　　　　　　　(g) 90d　　　　　　　(h) 120d

图 5.3　管网沿程 100m 处生物膜形成过程扫描电镜结果（×3000 倍）

　　对图 5.3 中生物膜表面形态分析可知，生物膜形成初期，微生物分泌的 EPS 等物质较少，细菌大多属于分散状态，而伴随着生物膜的形成，EPS 逐渐增加，使生物膜致密平整化，整个生物膜逐渐成为一个大的菌胶团；从 60d 左右开始，生物膜表面变得凹凸不平，且较为松散，主要是由于真菌菌丝过长，体积过大，无法均匀排布于菌胶团表面，且此时生物膜较厚，生物膜底层为厌氧，底层生物代谢作用产生的气体由膜通道逸出导致生物膜疏松，同时，此时的真菌菌丝更贴近于生物膜表面，以便更好分解生物膜中的微生物残骸等。

　　图 5.4～图 5.9 为生物膜形成过程中，管网沿程 200～1100m 距离处生物膜的扫描电镜结果。由图 5.4～图 5.9 可知，生物膜中丝状真菌量及形态的变化规律与

管网沿程 100m 处一致，表现为丝状真菌先减少后增加，且真菌菌丝越来越细，主要是由于生物膜较为致密，较细的菌丝更容易嵌入生物膜中进行分解；生物膜形成过程中，EPS 先增加，而后略有减少；生物膜表面形态由平整变得凹凸不平，从疏松变得致密，而后有一定程度的疏松。

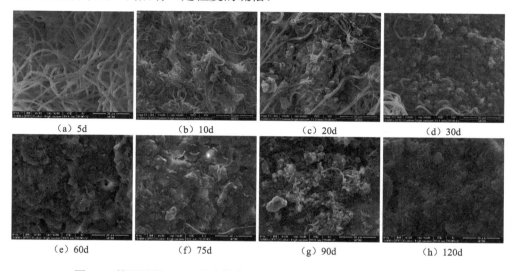

图 5.4　管网沿程 200m 处生物膜形成过程扫描电镜结果（×3000 倍）

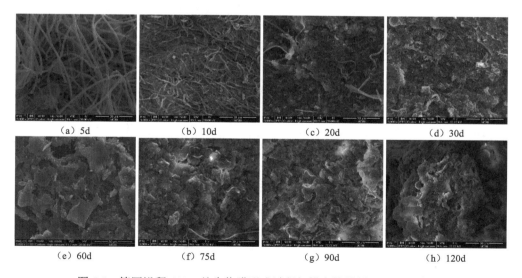

图 5.5　管网沿程 400m 处生物膜形成过程扫描电镜结果（×3000 倍）

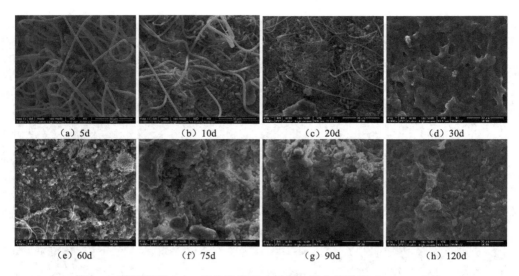

（a）5d　　　　（b）10d　　　　（c）20d　　　　（d）30d

（e）60d　　　　（f）75d　　　　（g）90d　　　　（h）120d

图 5.6　管网沿程 600m 处生物膜形成过程扫描电镜结果（×3000 倍）

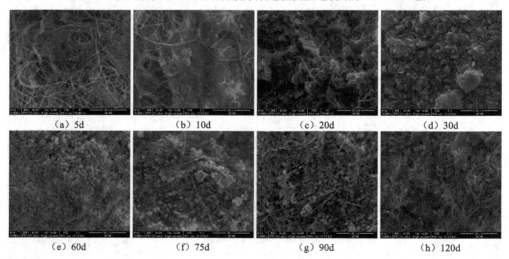

（a）5d　　　　（b）10d　　　　（c）20d　　　　（d）30d

（e）60d　　　　（f）75d　　　　（g）90d　　　　（h）120d

图 5.7　管网沿程 800m 处生物膜形成过程扫描电镜结果（×3000 倍）

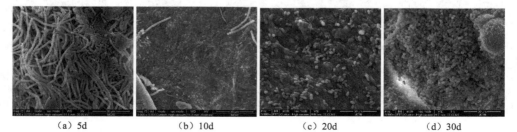

（a）5d　　　　（b）10d　　　　（c）20d　　　　（d）30d

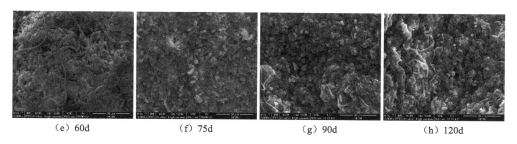

（e）60d　　　　　（f）75d　　　　　（g）90d　　　　　（h）120d

图 5.8　管网沿程 1000m 处生物膜形成过程扫描电镜结果（×3000 倍）

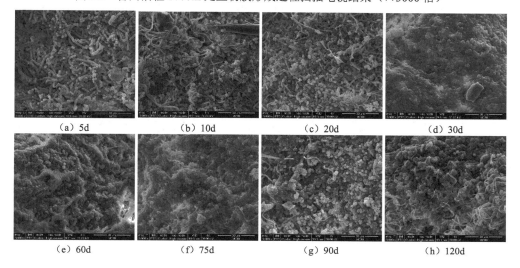

（a）5d　　　　　（b）10d　　　　　（c）20d　　　　　（d）30d

（e）60d　　　　　（f）75d　　　　　（g）90d　　　　　（h）120d

图 5.9　管网沿程 1100m 处生物膜形成过程扫描电镜结果（×3000 倍）

分析图 5.4～图 5.9 可知，管网生物膜中会有不同程度的球菌产生，管网沿程 400m 前生物膜中的球菌量较少，管网沿程 600m 处微生物在培养至 60d 时有少量球菌产生，并在生物膜形成过程中逐渐增加，管网沿程 800m 和 1000m 处微生物在培养至 20d 时产生球菌，而 1100m 处微生物在培养至 10d 时即产生球菌。对比分析结果可知，越靠近管网末端，球菌出现时间越早，是由于球菌会在管网环境不利于大型微生物生存、可利用物质较少时产生，且球菌具有较大的比表面积，导致球菌更容易在管网末端产生。

图 5.10 为生物膜形成过程中，管网 100m 处生物膜放大至 10000 倍及 50000 倍的扫描电镜结果。由图 5.10 可知，100m 处生物膜中的细菌基本为杆菌，但培养至 5d 时，杆菌长 1.2μm 左右，直径 0.2μm，EPS 较少；10d 时，生物膜中出现链球菌；20d 时，生物膜中杆菌长 1μm 左右，直径基本不变，有螺旋菌出现，EPS 明显增多；30d 时，杆菌多数长 0.5～0.7μm，直径 0.2μm 左右，EPS 不断增加；60d 时，真菌菌丝嵌入生物膜中对其中的微生物残骸进行分解，杆菌大小基本不

变；90d 时，1μm 直径的球菌产生；生物膜形成至 120d 时，真菌菌丝与生物膜逐渐融合，此时微生物残骸增多，真菌对其进行分解，球菌直径逐渐演变为 0.5μm。综上所述，管网生物膜形成过程中，生物膜中的微生物由杆菌逐渐演变为小球菌，EPS 先增加，而后略有减少，原因是不适合的生存环境导致 EPS 增加，并经真菌的分解后略微减少。

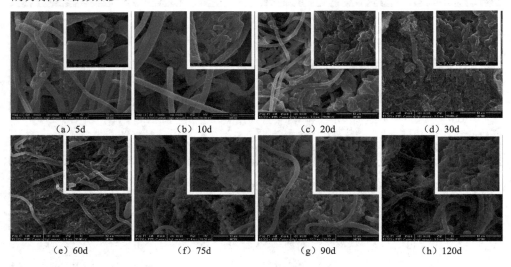

图 5.10　管网沿程 100m 处生物膜形成过程扫描电镜结果（×10000 倍 & ×50000 倍）

图 5.11～图 5.16 为管网生物膜形成过程中，管网 200～1100m 处生物膜的扫描电镜结果，放大倍数为 10000 倍及 50000 倍。生物膜形成过程中，管网沿程 200m 处由链球菌逐渐演变为短杆菌，120d 时有小球菌产生；400m 处的生物膜由短杆菌逐渐演变为小球菌；600m 处微生物在生物膜形成初期基本为链球菌及杆菌，并逐渐演变为球菌、杆菌及螺旋菌共存，生物膜形成末期，细菌基本被 EPS 包围；800m 处的生物膜在形成初期为杆菌，10d 时有球菌产生，且球菌的数量逐渐增加，为生物膜中主要的细菌菌群；1000m 和 1100m 处细菌形态的变化规律与 800m 处基本一致。

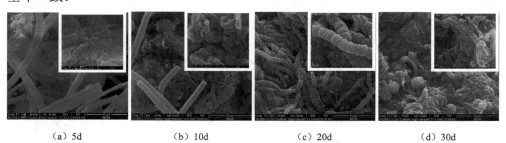

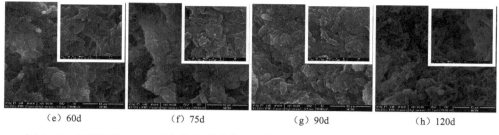

（e）60d　　　（f）75d　　　（g）90d　　　（h）120d

图 5.11　管网沿程 200m 处生物膜形成过程扫描电镜结果（×10000 倍 ＆×50000 倍）

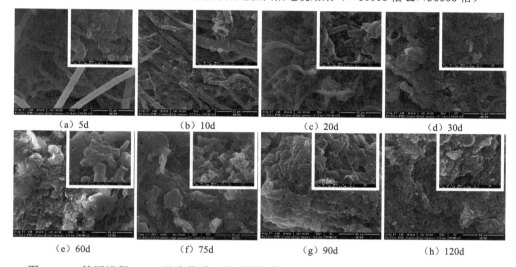

（a）5d　　　（b）10d　　　（c）20d　　　（d）30d

（e）60d　　　（f）75d　　　（g）90d　　　（h）120d

图 5.12　管网沿程 400m 处生物膜形成过程扫描电镜结果（×10000 倍 ＆ ×50000 倍）

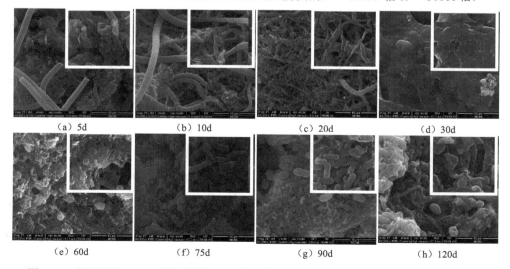

（a）5d　　　（b）10d　　　（c）20d　　　（d）30d

（e）60d　　　（f）75d　　　（g）90d　　　（h）120d

图 5.13　管网沿程 600m 处生物膜形成过程扫描电镜结果（×10000 倍 ＆×50000 倍）

（a）5d　　　　　　（b）10d　　　　　　（c）20d　　　　　　（d）30d

（e）60d　　　　　　（f）75d　　　　　　（g）90d　　　　　　（h）120d

图 5.14　　管网沿程 800m 处生物膜形成过程扫描电镜结果（×10000 倍 &×50000 倍）

（a）5d　　　　　　（b）10d　　　　　　（c）20d　　　　　　（d）30d

（e）60d　　　　　　（f）75d　　　　　　（g）90d　　　　　　（h）120d

图 5.15　　管网沿程 1000m 处生物膜形成过程扫描电镜结果（×10000 倍 &×50000 倍）

（a）5d　　　　　　（b）10d　　　　　　（c）20d　　　　　　（d）30d

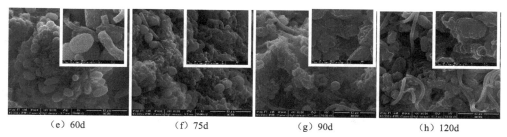

（e）60d　　　　　（f）75d　　　　　（g）90d　　　　　（h）120d

图 5.16　管网沿程 1100m 处生物膜形成过程扫描电镜结果（×10000 倍 & ×50000 倍）

2）生物膜剖面形态特征

由生物膜表面结构扫描电镜结果可知，管网沿程 100m、600m 和 1100m 为生物形态变化较大的几个位置，因此对这几个位置的生物膜形成至 5d、10d、20d、30d、60d、75d、90d 和 120d 时的生物膜结构形态进行观察，分别放大至 5000 倍及 20000 倍，结果见图 5.17～图 5.19。

图 5.17 中为生物膜形成过程中管网沿程 100m 处生物膜的剖面图，图中 1～3 为生物膜从表层到底层的结构形态，图中所示为放大 5000 倍及 20000 倍的扫描电镜结果。由图 5.17 中放大至 5000 倍的结果可知，生物膜底层相对于表层更致密些，主要是由于底层生物膜生存环境不佳，导致 EPS 增加，增加的 EPS 使生物膜致密化；放大至 20000 倍的结果进一步说明生物膜表层至底层的 EPS 逐渐增多，生物膜向不规则形态转变，且更凹凸不平。

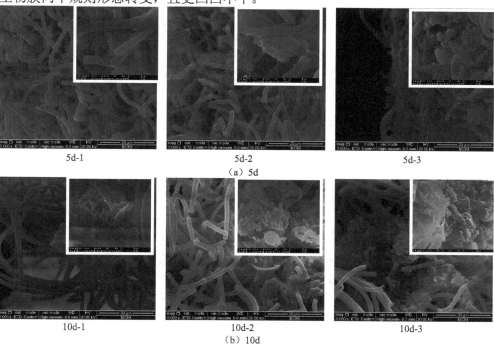

5d-1　　　　　　5d-2　　　　　　5d-3

（a）5d

10d-1　　　　　　10d-2　　　　　　10d-3

（b）10d

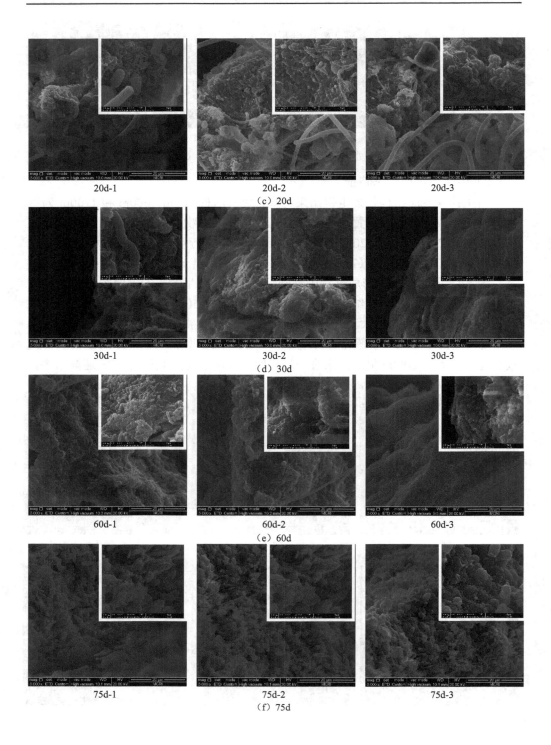

20d-1 　　　　　　20d-2 　　　　　　20d-3

（c）20d

30d-1 　　　　　　30d-2 　　　　　　30d-3

（d）30d

60d-1 　　　　　　60d-2 　　　　　　60d-3

（e）60d

75d-1 　　　　　　75d-2 　　　　　　75d-3

（f）75d

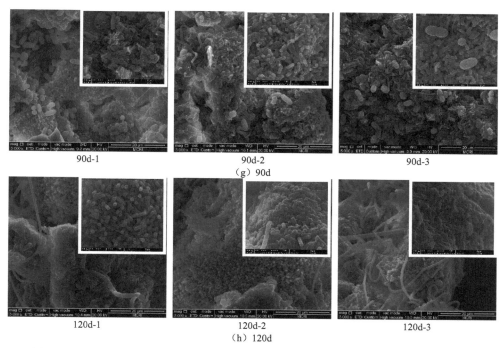

90d-1　　　　　　　　90d-2　　　　　　　　90d-3

（g）90d

120d-1　　　　　　　　120d-2　　　　　　　　120d-3

（h）120d

图 5.17　管网沿程 100m 处生物膜形成过程扫描电镜结果（×5000 倍 & ×20000 倍）

1～3 为生物膜从表层至底层的形态

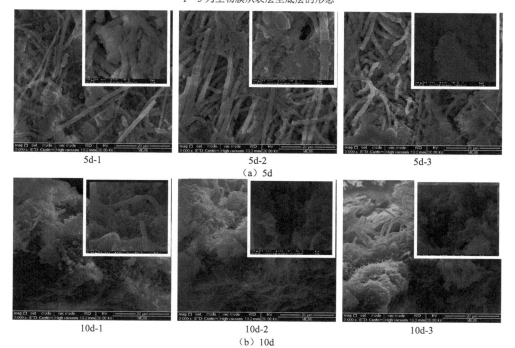

5d-1　　　　　　　　5d-2　　　　　　　　5d-3

（a）5d

10d-1　　　　　　　　10d-2　　　　　　　　10d-3

（b）10d

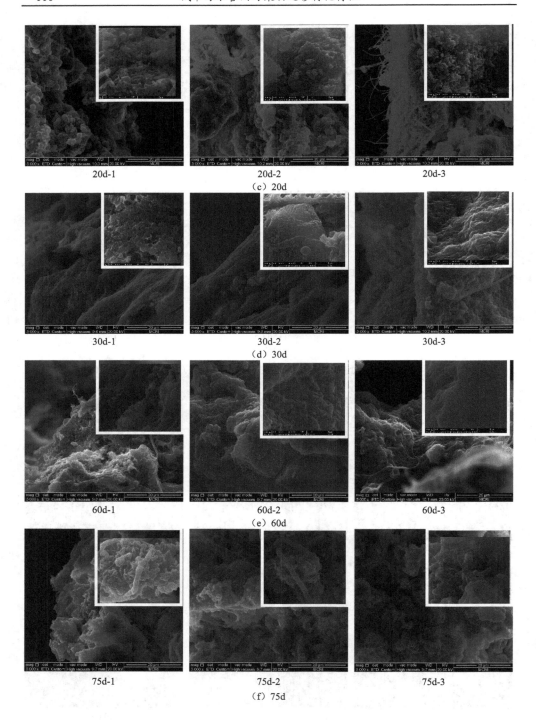

20d-1　　　　　　　　　20d-2　　　　　　　　　20d-3

（c）20d

30d-1　　　　　　　　　30d-2　　　　　　　　　30d-3

（d）30d

60d-1　　　　　　　　　60d-2　　　　　　　　　60d-3

（e）60d

75d-1　　　　　　　　　75d-2　　　　　　　　　75d-3

（f）75d

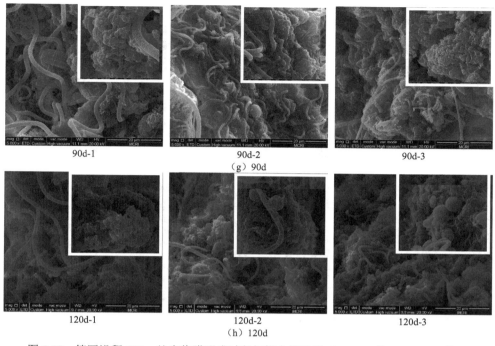

90d-1　　　　　90d-2　　　　　90d-3

（g）90d

120d-1　　　　　120d-2　　　　　120d-3

（h）120d

图 5.18　管网沿程 600m 处生物膜形成过程扫描电镜结果（×5000 倍 & ×20000 倍）

1～3 为生物膜从表层至底层的形态

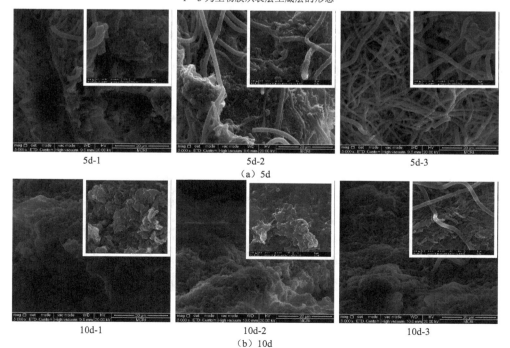

5d-1　　　　　5d-2　　　　　5d-3

（a）5d

10d-1　　　　　10d-2　　　　　10d-3

（b）10d

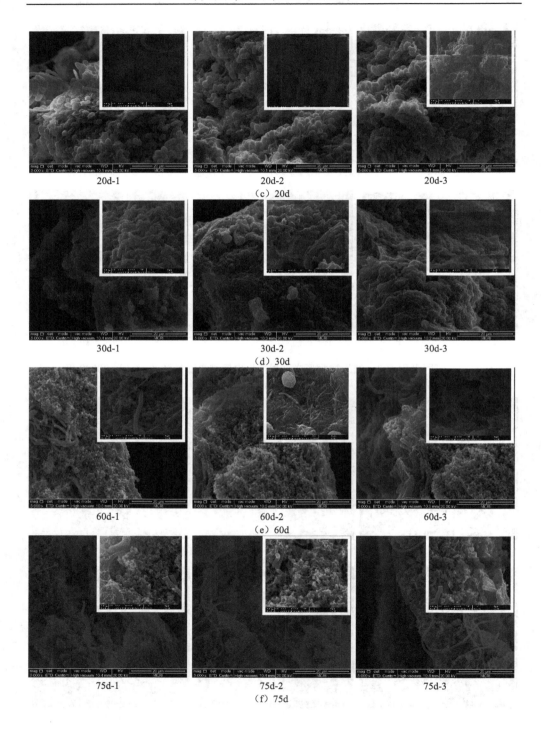

20d-1　　　　　　　　　20d-2　　　　　　　　　20d-3

（c）20d

30d-1　　　　　　　　　30d-2　　　　　　　　　30d-3

（d）30d

60d-1　　　　　　　　　60d-2　　　　　　　　　60d-3

（e）60d

75d-1　　　　　　　　　75d-2　　　　　　　　　75d-3

（f）75d

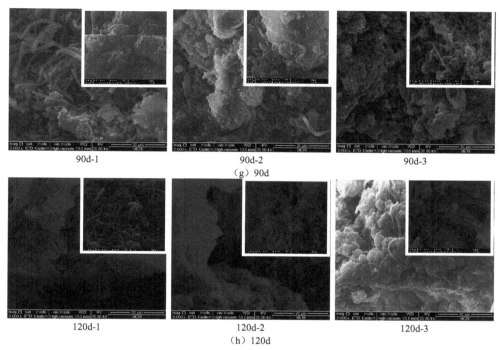

90d-1　　　　　　　　90d-2　　　　　　　　90d-3

（g）90d

120d-1　　　　　　　120d-2　　　　　　　120d-3

（h）120d

图 5.19　管网沿程 1100m 处生物膜形成过程扫描电镜结果（×5000 倍 &×20000 倍）

1~3 为生物膜从表层至底层的形态

　　由图 5.17 中放大至 5000 倍的结果可知，生物膜中菌群结构从表层至底层发生了一定程度的变化，以生物膜形成 5d 的剖面图为例，从表层至底层，生物膜中真菌菌丝明显增多且变细，主要由于生物膜底层微生物缺乏营养及氧化态物质，导致菌丝增长以从管网污水中摄取更多养分，增多的菌丝主要用于分解处理底层缺少养分产生的微生物残骸，且更迅速地将养分运送至菌胶团中的微生物。

　　图 5.17 中放大至 20000 倍的结果进一步表明，生物膜表层至底层的真菌增多且更细长，贴近于生物膜内部。同时，生物膜内细菌形态从大个体向小个体转变，如形成 20d 的生物膜，膜表层至底层的生物由长杆菌、链球菌等逐渐演变为短杆菌、葡萄球菌等个体较小的细菌，主要是由于较小的球菌等细菌具有更好的生存能力，在生物膜底层这种营养物质较少的环境中容易出现。120d 时的生物膜内球菌较多，生物膜表层有少量球菌，中层较多，下层的球菌被胞外聚合物包围，但也能看到其大概的轮廓。

　　图 5.18~图 5.19 为管网 600m 及 1100m 处生物膜的剖面图，图中 1~3 为生物膜从表层到底层的结构形态。生物膜剖面的结构变化情况与管网 100m 处类似，由膜表层至底层，真菌菌丝增加且细长，更贴近于菌胶团，部分位置有球型真菌出现，细菌形态由杆状菌逐渐演变为更短小的杆状菌或球状菌；同时，生物膜形

成过程中，球菌更接近生物膜表面，生物膜中 EPS 的增加使生物膜致密化。

5.1.2　管网生物膜内的微环境条件

生物膜内环境包括温度、DO、pH 及 ORP 等环境条件，将这些环境条件与微生物群落结构进行联系，可分析得到某种微生物的有利生存环境，从而为微生物的生存条件提供依据。由于生物膜较薄，因此需采用微小电极对其中的环境条件进行探测（孙光溪，2016；郝晓宇，2014；Jiang et al.，2009）。

分别取生物膜形成至 5d、10d、20d、30d、60d、75d、90d 和 120d 的样品进行检测，管网沿程取样点为 100m、200m、400m、600m、800m、1000m 和 1100m 处。

图 5.20 为管网生物膜形成过程中膜内 DO 浓度沿程及随时间的变化情况。由图可知，管网生物膜形成过程中，生物膜表层及底层的 DO 逐渐降低，表层 DO 的降低是由于管网表层生物群落的生化代谢作用所致，而底层 DO 的降低是由于

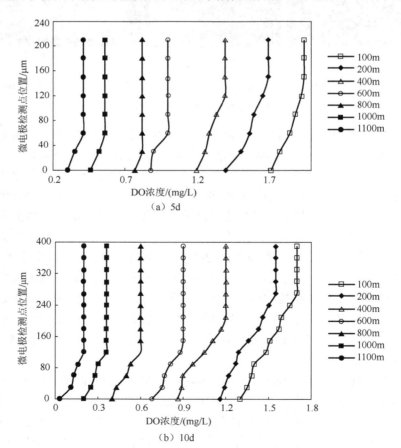

（a）5d

（b）10d

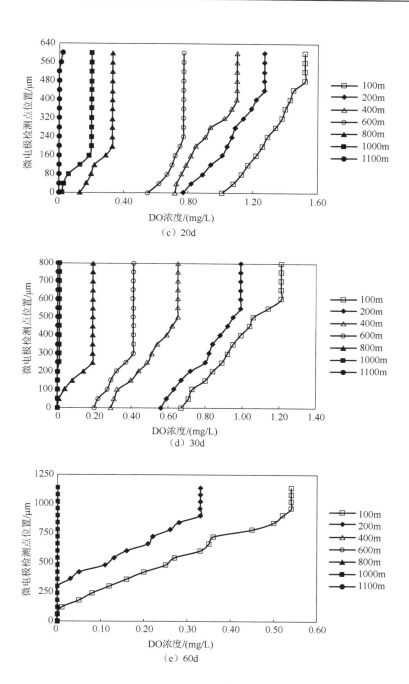

（c）20d

（d）30d

（e）60d

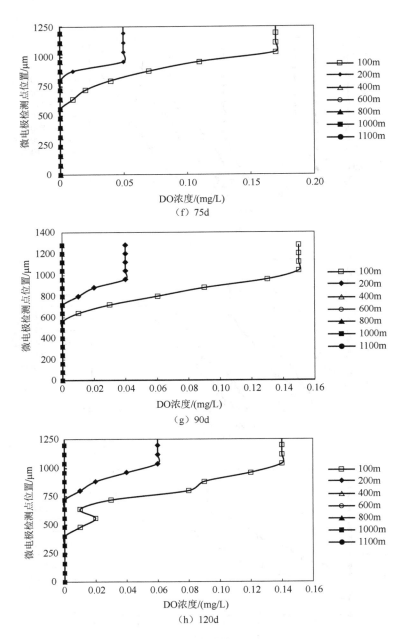

图 5.20 生物膜内 DO 浓度沿程及随时间的变化

生物膜增厚的同时，管网中的氧气无法到达生物膜底层。75d 时管壁生物膜 DO
浓度维持在 0.17mg/L 以下，且基本稳定。管网沿程生物膜的 DO 浓度基本呈降低
的趋势，主要原因是管网为密闭容器，其中的 DO 来自原水，在管网初始端，原

水中的营养物质较为丰富，生物膜中微生物将营养物质分解的同时消耗掉大部分的氧化物，致使沿程的 DO 逐渐降低。对生物膜剖面结构的 DO 分析可知，从生物膜表层至底层 DO 呈现逐渐降低的趋势，这是膜中微生物的作用导致的。

图 5.21 为生物膜内 pH 沿程及随时间的变化情况。由图 5.21 可知，生物膜形成阶段管网生物膜中的 pH 在 6～7.6，该 pH 范围适合微生物生存。随着生物膜形成时间的增长，生物膜中的 pH 呈增加趋势。因此，膜内的 pH 开始为偏酸性，而后逐渐向偏碱性变化，pH 呈现增加的结果。管网沿程 pH 增加与生物膜内部的 pH 由膜表层至底层呈现增加趋势一致。

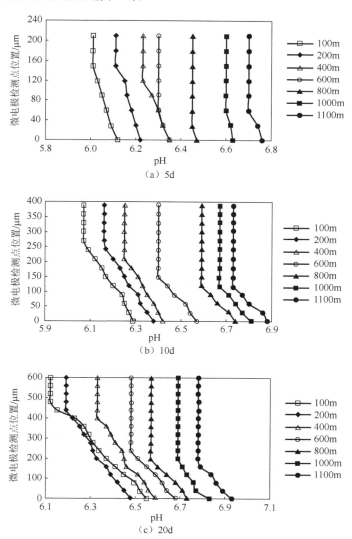

（a）5d

（b）10d

（c）20d

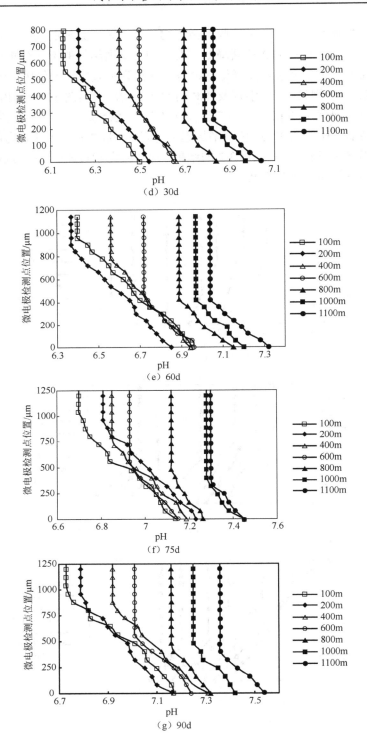

（d）30d

（e）60d

（f）75d

（g）90d

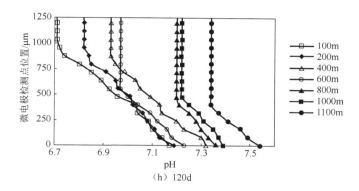

（h）120d

图 5.21　生物膜内 pH 沿程及随时间的变化

图 5.22 为生物膜形成过程中 ORP 沿程及随时间的变化情况。由图 5.22 可知，生物膜形成过程中，膜内的 ORP 为-480～150mV。随着生物膜形成时间延长，ORP 呈现降低的趋势，这与 DO 的变化情况成对应关系，ORP 的降低说明生物膜向缺氧及厌氧环境转变。管网沿程 ORP 的降低与生物膜内部的 ORP 由膜表层至底层的降低趋势一致。

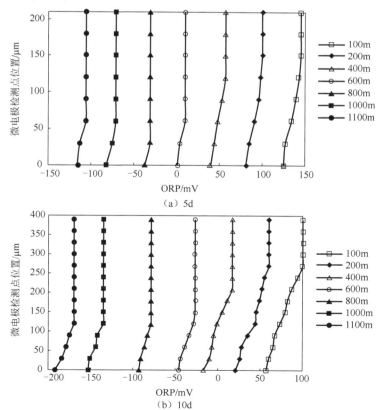

（a）5d

（b）10d

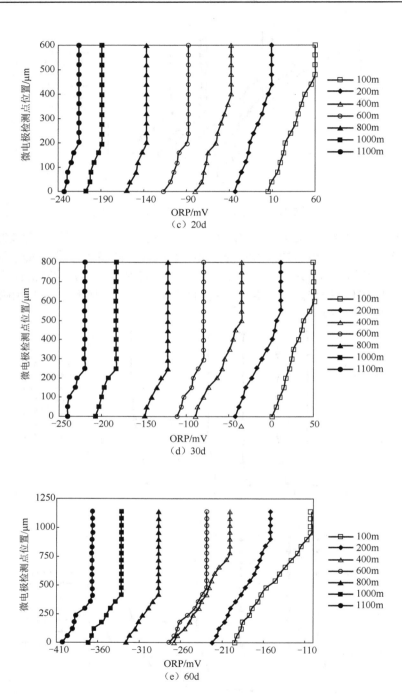

（c）20d

（d）30d

（e）60d

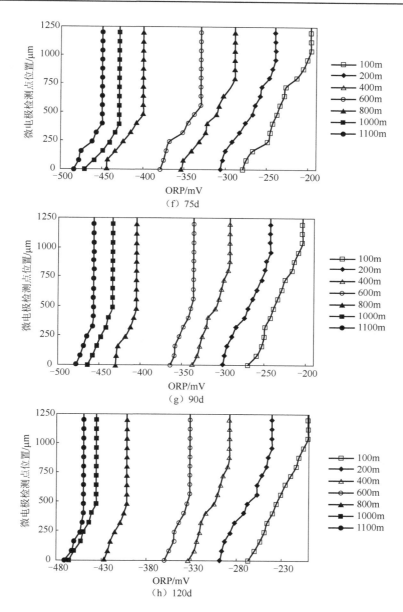

（f）75d

（g）90d

（h）120d

图 5.22　生物膜内 ORP 沿程及随时间的变化

5.2　管网中微生物的群落分布特征

污水管网生物膜中存在着大量的微生物。国外学者在很早以前就对下水道中微生物进行了关注与研究，许多研究表明，管网中存在微生物，并对污水水质起着重要的转化作用（Hvitved et al., 1998; Ozer et al., 1995; Boon, 1995）。Lemmer
等（1994）在评估不同废水下水道中微生物的异养活性及群落分布实验中，发现
排放生活污水及铬、镍污染的下水道更容易产生微生物，主要的微生物为异养腐
生菌、聚合物降解菌、氨化细菌、硝酸盐还原菌和反硝化菌；对比生物膜中的异
养细菌活性及悬浮的细菌活性，发现生物膜中微生物的活性远远高于悬浮细菌。
Vandewalle 等（2012）研究了城市污水管网中形成的微生物群落分布，研究发现，
污水管网中的微生物群落主要为气单胞菌属、不动杆菌属和明串珠菌属几种，同
时，这些微生物的种群分布与污水变量（BOD_5、流量、氨、总磷和悬浮固体）显
著相关。Cayford 等（2012）的研究发现，管网环境中的硫氧化菌（sulfur-oxidizing
bacteria，SOB）种群会通过微生物诱导作用腐蚀混凝土管道，管道顶部和侧壁的
SOB 种群分布存在差异，管道顶部以嗜酸菌杆菌属和分枝杆菌属为主，而管道侧
壁则以鞘脂杆菌目和黄单胞菌目为主。Gutierrez 等（2008）研究环境中的氧浓度
对 SOB 种群的影响，研究发现，注射氧气可抑制下水道中 SOB 种群的活性，进
而控制由生物作用产生的硫化氢，说明环境中的氧浓度对 SOB 种群有显著的影
响；同时，通过调节污水的 pH 研究硫酸盐还原菌（sulfate-reducing bacteria，SRB）
和产甲烷菌两种微生物的生物活性变化，结果发现，较高的 pH 提高了产甲烷菌
（Metanogens archaea，MA）的活性，而 SRB 的活性明显降低。Guisasola 等（2009）
对下水道中 MA 与 SRB 之间的竞争关系进行了研究，结果表明，污水中的 COD
与硫酸根的浓度比值会影响两种微生物的相对丰度，当两种物质的浓度比值低于
6.08 时，SRB 的生物活性更强，细菌相对丰度也较高。Hvitved-Jacobsen 等（2013）
建立了一套城市污水管网，研究了不同的氧浓度条件下管网内发生的生化反应过
程，并对其中的生物群落组成进行了分析。

在我国，Jiang 等（2009）通过一套 1478m 的城市污水管网系统进行 SRB 的
群落分布研究，利用 FISH 技术进行微生物定量，结果表明，SRB 从管网运行 30d
左右产生，60d 左右生物菌群结构基本稳定，且随着运行时间的增加，该细菌种
群逐渐从生物膜偏底层向偏表层迁移，且当生物膜的厚度为 1mm 时，膜内的 SRB
数量是最多的。田文龙（2004）对城市污水管道膜处理系统中的生物膜取样并进
行镜检分析以研究其中的微生物群落组成，结果发现，膜填料主要由钟虫、线虫、
草履虫等真核生物构成。周玲玲（2010）利用模拟管网系统反应器，通过原位杂
交技术研究氯胺消毒对生物膜的形成影响，结果表明，无氯胺时生物膜中异养菌
数量最高，氯胺对氨氧化细菌（ammonia-oxdizing bacteria，AOB）的生长速率无
显著影响，水中 AOB 浓度与氯胺、总氯、氯氨比呈负相关，与亚硝酸氮呈正相
关。Zhang 等（2013）在研究三价铁离子对管网生物膜中的 SRB 及 MA 群落的影
响实验中提出，三价铁可显著抑制生物膜中 SRB 及 MA 的活性，结果表明，三价
铁可将 SRB 及 MA 的活性分别降低 60%和 80%。Sun 等（2014）研究了厌氧下水

道生物膜中的 SRB 及 MA 群落的分布情况,采用微电极、FISH 技术及高通量测序技术进行研究,结果表明,SRB 主要存在于生物膜的表层,而 MA 主要存在于内层;生物膜中的 SRB 主要隶属于 *Desulfobulbus*、*Desulfomicrobium*、*Desulfovibrio*、*Desulfatiferula* 和 *Desulforegula*,而大部分的 MA 种群属于 *Methanosaeta* 属。

国内外对于污水管网生物膜中的微生物群落的系统深入研究较少,对微生物群落的研究较为分散,对管网内微生物群落分布的特征未能充分揭示,同时,对生物膜形成过程的微生物群落分布情况的研究仍属空白,因此本节将对管网中的微生物群落分布进行系统全面的研究。

5.2.1　总细菌的分布及多样性特点

对管网生物膜细菌总数采用平板计数法进行测定,结果如图 5.23 所示。从图中可以看出,管网沿程生物膜中细菌的数量先增加后减少,并在管网 800m 处基本稳定于 8000cfu/mg。这是由于随着管网沿程距离的增加易吸收营养物质不断被消耗减少,可被微生物利用的也减少,导致总细菌数量减少。

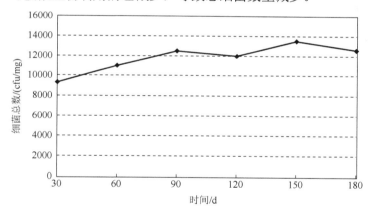

图 5.23　管网生物膜细菌总数的沿程变化

将生物膜中提取出的 DNA 进行 16S rDNA V_3 区片段聚合酶链式反应 (polymerase chain reaction,PCR)扩增,结果用 1.5% 的琼脂糖凝胶电泳检验,扩增出的 DNA 片断如图 5.24 所示,从图中可以看出,提取的总 DNA 都能满足 PCR 扩增的要求,而且扩增出来的条带单一明亮,目的条带大小在 200bp 左右,证实为扩增的目的条带。

将 PCR 产物取样 15μL,进行变性梯度凝胶电泳(denaturing gradient gel electrophoresis,DGGE),结果如图 5.25 和图 5.26 所示。从图 5.25 可以看到模拟管段生物膜样品中微生物的多样性状况,以及生物膜沿程细菌种群的演变和更替。每个样品各分离出了不同位置的电泳条带,且各条带所代表的 PCR 产物的产量和迁移率不同，表征了样品中不同的优势菌群的分布。根据 DGGE 对不同 DNA 片段的分离原理，可以得知样品的 PCR 产物中既含有一些相同的 DNA 片断，又含有数种不同的 DNA 片断。这些分离出来的条带都是不同种类的微生物的16SrDNA基因 V_3 区的 DNA 片断，每个 DNA 片断原理上可以代表一个微生物种属，条带信号越强表示该种属在污泥中的优势地位越明显。

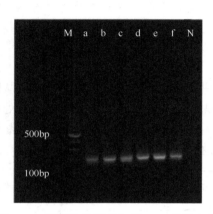

图 5.24　沿程生物膜总细菌 PCR 扩增产物

图 5.25　PCR 产物的 DGGE 凝胶电泳图

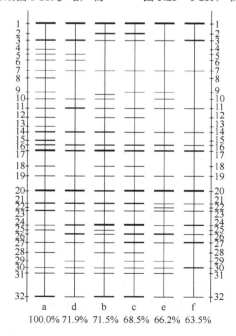

图 5.26　PCR-DGGE 图谱的条带分布和强度示意

　　模拟管段共设有 6 个取样点，这 6 个取样点在图 5.25 中从左到右分别以 a～f 表示，对应的距离依次是 200m、400m、600m、800m、1000m 和 1200m。图谱中不同亮带代表一种细菌种群，从图中可以看出管网生物膜中微生物种类极其丰富。

　　通过 Quantity One 软件包可以对 DGGE 图谱进行定量分析。该软件的自动分析功能十分强大，可以对泳道和条带自动识别，然后根据使用者的要求将结果输出。使用过程中，有时也需要手动对识别的条带进行调整，以达到最佳的分析结果。图 5.26 是模拟管段沿程生物膜的总细菌 DGGE 图谱泳道识别图，图中 a～f 分别代表 200m、400m、600m、800m、1000m 和 1200m 处的细菌种群。泳道中的条带粗细不一，对应其在 DGGE 胶上的密度大小不同，密度大，则条带比较粗黑，密度小，则条带比较细。图 5.26 中显示共有 32 类条带，200m 处有 28 类条带，400m、600m、800m、1000m 和 1200m 处分别有 24 类、23 类、21 类、21 类和 16 类条带。DGGE 图谱的丰富度值和相关性分析的统计结果分别见表 5.1 和表 5.2。

表 5.1　生物膜沿程总细菌群落丰富度（Rs）

项目	a	b	c	d	e	f
条带数/类	28	24	23	21	21	16
Rs	0.875	0.750	0.719	0.656	0.656	0.500

表 5.2　生物膜沿程总细菌种群相似性系数（Cs）

取样点	a	b	c	d	e	f
a	100	71.5	68.5	71.9	66.2	63.5
b	—	100	89.4	80	75.6	75
c	—	—	100	81.8	86.4	82.1
d	—	—	—	100	90.5	86.5
e	—	—	—	—	100	86.5
f	—	—	—	—	—	100

　　结合图 5.25、图 5.26 与表 5.1、表 5.2 所示，表明在初始 200m 处管网生物膜中微生物菌群最为丰富，此时 Rs 值也说明了这一点。沿程生物膜菌群呈现减少的趋势，由初始 200m 处的 28 种菌群减少为 1200m 处的 16 种菌群，其结果与细菌总数沿程的变化结果相一致。同样 Rs 沿程呈现减小趋势，这也同样说明生物膜沿程菌群不断减少，f 与 a、b、c、d、e 之间的 Cs 逐渐增大，说明沿程生物膜的细菌组成逐渐趋于稳定。从图 5.26 可以看出，条带 1、16、17、20 一直存在且粗黑，以优势菌群的形式存在整个沿程中，条带 3、14、21、23 开始比较粗黑，随着距离的增减条带逐渐减弱变细，条带 7、19 比较细，但是存在于整个沿程，条带 24 在 b、c 处粗且黑，在 d 处减弱变细，条带 27 初始比较纤细，在 f 处逐渐变粗黑，条带 32 在 a、b、c 处粗黑，最后逐渐减弱变细，条带 2 只存在于 b、c 中，可能

由于随后的环境不适应直接消失，条带 4 只存在于 a 中，最后可能由于缺乏营养物质直接消失。沿程生物膜的菌群有一定的相似性，但又有差异性，开始菌群种类丰富，随着距离的增加，易于吸收的营养物质被不断地消耗，有些优势菌群保留下来，有些菌群逐渐消失，沿程菌群演替结构之间的相似性逐渐升高并形成稳定的群落结构，同时表明管网生物膜中含有丰富的菌群种数。

将图 5.25 中 DGGE 图谱的优势条带割胶回收，将割胶回收后的 DNA 溶液重新进行 PCR 扩增，扩增条件与之前相同，将扩增好的 PCR 产物经克隆，将菌液送交测序，利用基因库的 BLAST 程序，将测序所得的 10 条序列片段与数据库中序列进行比对，获得各条序列的同源性信息（表 5.1），然后从基因库下载到与其同源性最近的序列，使用 DNAStar5.0 程序的 MEGA，建立系统发育树，具体结果见图 5.27。

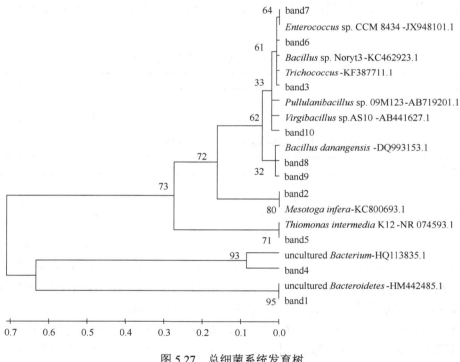

图 5.27　总细菌系统发育树

图 5.27 为经测序的 10 条优势条带所代表的细菌系统发育树图，树图显示了它们在系统发育上的亲缘关系。从图上可以看出：条带 2 与数据库中 *Mesotoga* 属的 *Mesotoga infera* 亲缘性很高，条带 3 虽然属于 *Bacillus*（芽孢杆菌属）的耐低氧细菌，但与条带 6（*Trichococcus* 球菌属）及条带 7（*Enterococcus* 肠球菌属）之间的亲缘性最近，条带 8 与条带 9 均与数据库的 *Bacillus danangensis* 有很高的

亲缘性，同时条带 8 与条带 9 之间的亲缘性也非常近，条带 10 与 *Pullulanibacillus* sp. 09M123，*Pullulanibacillus* sp. 09M123 均有很高的亲缘性，同时与测序序列之间的 3、6、7 也具有很近的亲缘性，条带 2 与条带 5 分别与数据库 *Mesotoga*（热孢菌属），*Thiomonas*（硫单胞菌属）亲缘性很近，对于条带 1 与条带 4 在同源性分析中和系统发育树上都难以找到与其亲缘关系比较近的种，因此与其他的亲缘性较远，这两种细菌有可能是尚未知的某种功能菌种。

从表 5.3 可以发现，切胶测序的 10 条条带均可以在基因库中找到与其序列同源性较高（>90%）的种群。根据同源性分析结果，条带 1 属于 Bacteroidetes（拟杆菌门），条带 2 属于 *Mesotoga* 属的嗜热菌，条带 3、8、9、10 均属于 *Bacillus*（芽孢杆菌属）的耐低氧细菌，条带 5 属于 *Thiomonas*（硫单胞菌属），其与 *Thiomonas intermedia* K12 的同源性达到 100%，条带 6、7 分别属于 *Trichococcus*（明串珠菌属）与 *Enterococcus*（肠球菌属），其分别与 *Trichococcus*、*Enterococcus* sp. CCM 8434 的同源性极高，均为 100%。

表 5.3　DGGE 回收 DNA 片段序列分析结果

条带	登录号	种属名	同源性/%	所属类群
band1	HM442485.1	*Uncultured Bacteroidetes*	97	*Bacteria; Bacteroidetes*
band2	KC800693.1	*Mesotoga infera*	91	*Bacteria; Thermotogae; Thermotogales; Thermotogaceae; Mesotoga*
band3	KC462923.1	*Bacillus* sp. Noryt3	98	*Bacteria; Firmicutes; Bacilli; Bacillales; Bacillaceae; Bacillus*
band4	HQ113835.1	uncultured *Bacterium*	90	*Bacteria*
band5	NR_074593.1	*Thiomonas intermedia* K12	100	*Bacteria; Proteobacteria; Betaproteobacteria; Burkholderiales; Thiomonas*
band6	KF387711.1	*Trichococcus*	100	*Bacteria;Firmicutes; Bacilli; Lactobacillales; Carnobacteriaceae; Trichococcus*
band7	JX948101.1	*Enterococcus* sp. CCM 8434	100	*Bacteria; Firmicutes; Bacilli; Lactobacillales; Enterococcaceae; Enterococcus*
band8	DQ993153.1	*Bacillus danangensis*	90	*Bacteria; Firmicutes; Bacilli; Bacillales; Bacillaceae; Bacillus*
band9	AB441627.1	*Virgibacillus* sp.AS10	90	*Bacteria; Firmicutes; Bacilli; Bacillales; Bacillaceae; Virgibacillus*
band10	AB719201.1	*Pullulanibacillus* sp. 09M123	92	*Bacteria; Firmicutes; Bacilli; Bacillales; Sporolactobacillaceae; Pullulanibacillus*

采用高通量测序进一步分析管网生物膜中总细菌的多样性。在高通量测序中，常用 Shannon 指数来表征物种多样性的指标，Shannon 指数与微生物群落的多样性呈现正相关的关系，即 Shannon 指数值越高，则微生物群落的多样性越高，反之，Shannon 指数越低，则微生物群落的多样性越低。污水管道中总细菌的多样性变化如表 5.4 所示。从表 5.4 中可以看出，管网沿程距离 30m、100m、200m、400m、600m、800m、1000m 和 1200m 处 Shannon 指数分别为 4.22、4.79、4.60、

4.43、4.53、3.97、4.09 和 4.04。污水管道前端的 Shannon 指数明显高于管道后端。在管道起始端 30～600m 处，Shannon 指数值维持在 4.53～4.79；至 800～1000m 处，Shannon 指数降至 4.00 左右。表 5.4 中所展现出的这种 Shannon 指数的变化，说明污水管道内微生物的多样性沿程发生了改变，且在管道前端 30～600m 微生物的多样化程度高，而管网后端 800～1200m 处微生物多样化程度较低。

表 5.4　管网沿程细菌的 Shannon 指数

管网沿程距离/m	Shannon 指数	管网沿程距离/m	Shannon 指数
30	4.22	600	4.53
100	4.79	800	3.97
200	4.60	1000	4.09
400	4.43	1200	4.04

将所有样本进行抽平分析，则各个样本的总 reads 为 14907。抽平是按照一定数量或样本中序列最低数量，将所有样本的序列随机抽取至统一数据量，然后再进行各项分析，可以在一定程度上降低微生物含量的差异和实验操作引入的误差所带来的影响。由于相对丰度是基于各个样本的 reads 来计算的，即相对丰度为单个微生物的 reads 与在微生物所属样本的总 reads 数的比值，因此在抽平分析的基础上，用 reads 来表征菌属的相对丰度。在菌群多样性分布和数量分析的基础上，对管网沿程功能性菌群分布进行分析。彩图 5.28 展示了管网生物膜中不同功能菌群在管网沿程中的变化情况。

从彩图 5.28 中可以看出，管网中的功能性细菌主要包含有发酵菌（fermentative bacteria，FB）、产氢产乙酸菌（hydrogen-producing acetogenic bacteria，HPA）、SRB、反硝化细菌（denitrifying bacteria，DNB），这也是管网系统中易于出现 H_2S 和 CO 等有毒有害气体的主要原因。从彩图 5.28 的纵向看，在管网沿程 30m、100m、200m、400m、600m、800m、1000m 和 1200m 处，FB 的 reads 数分别为 4688、3972、3567、3259、2129、2127、1013 和 353，HPA 的 reads 分别为 0、255、398、410、46、106、808 和 208，SRB 的 reads 数分别为 447、325、464、694、668、12、61 和 12，DNB 的 reads 数分别为 570、305、288、257、299、345、595 和 297。这样的数据情况说明在整个管网沿程中，FB 的相对丰度远高于其他功能性菌群的相对丰度，FB 为优势菌群，进一步说明了微生物对水质的改变作用以发酵作用为主；从图标的横向看，可以看出 FB 在管网前端 30～600m 的菌属种类比管网后端 800～1200m 的菌属种类多，说明 FB 在管网前端的多样性程度更高，而在管网中段和后端的多样性程度较低并保持稳定，FB 的多样性在管网沿程的分布趋于单一化。而 HPA、SRB 和 DNB 在管网沿程的多样性程度基本保持稳定。总体来看，在管网中微生物主要是通过发酵作用来改变污水水质，同时管网前端微生物的多样性比管网后端微生物的多样性高。

彩图 5.29 所示是城市污水管网内微生物门水平下的聚类热图。从热图中可以看出样本间微生物群落结构的相似性，图中不同的色块代表不同的相对丰度，红色代表微生物的相对丰度值高，蓝色代表微生物的相对丰度值低，可以直观地看出微生物群落中的优势菌门。彩图 5.29 结果所示，管网沿程距离 30～1200m 聚类后共分为两大类，即 30m、100m、200m、400m 和 600m 为一类，800m、1000m 和 1200m 为一类，说明 30～600m 的微生物群落结构相似，800～1200m 的微生物群落结构相似，近一步可以说明在管网 600～800m 微生物群落的分布发生了改变。从彩图 5.29 中还可以看出，在管网 30～600m，厚壁菌门（Firmicutes）、拟杆菌门（Bacteroidetes）和变形菌门（Proteobacteria）为优势菌门，在管网沿程 800～1200m 拟杆菌门（Bacteroidetes）和变形菌门（Proteobacteria）为优势菌。

对不同微生物在门水平下的相对丰度进行分析，可以得不同微生物种群在整个微生物群落中所占的比例。

从图 5.30 中可以看出，以管网沿程距离 600～800m 为分界线，变形菌门（Proteobacteria）在管道前端 30～600m 变化不大，其相对丰度在 30.08%～50.94%，而在管道后端 800～1200m，其优势地位得到极大的强化，相对丰度增加至 71.74%～83.20%；拟杆菌门（Bacteroidetes）在管道 30～600m 相对丰度在 25.16%～28.91%，在 800m 之后，其相对丰度降低至 10%左右；在管道 30～600m 厚壁菌门（Firmicutes）的相对丰度在 12.18%～18.95%，而在管道 600m 处以后其相对丰度急剧下降，在 800～1200m 处的相对丰度均在 2.5%以下，不再作为优势菌门出现。这样的结果说明，在 600～800m 处微生物群落的分布发生了变化。

事实上，在厌氧消化系统中，厚壁菌门（Firmicutes）、拟杆菌门（Bacteroidetes）和变形菌门（Proteobacteria）是最为重要的发酵菌门，这一结果说明，管网内的生化反应过程以发酵作用为主（Nelson et al., 2011）。发酵过程可以分解为水解和酸化两个步骤，水解过程是将难降解有机物转化为易降解有机物，将颗粒态有机物转化为溶解态有机物，将大分子有机物转化为小分子有机物的过程，而酸化过程是一个产酸产气过程。Jin 等（2018）研究表明，变形菌门（Proteobacteria）是污泥发酵过程中水解酸化的主要菌门，因此可以推测随着管网中发酵过程的持续进行，管网前端的发酵过程以水解过程为主，而管网后端酸化作用开始显著加强，在酸化作用为主的环境条件和基质条件下变形菌门（Proteobacteria）较其他菌门适应性更强。拟杆菌门（Bacteroidetes）在厌氧发酵过程中的水解酸化阶段也起着重要的作用，管网前端与管网后端相比，大分子物质较多，该物质条件下更适合于具有水解功能的拟杆菌门（Bacteroidetes）的生长繁殖（Luo et al., 2013; Kang et al., 2011）。厚壁菌门（Firmicutes）可以水解蛋白、脂肪和碳水化合物等大分子物质，而污水中这种大分子物质不断被分解消耗，使得厚壁菌门（Firmicutes）在管网末端的营养环境下的竞争力下降，导致厚壁菌门（Firmicutes）在管网末端的相对丰度降低（Levén et al., 2007）。

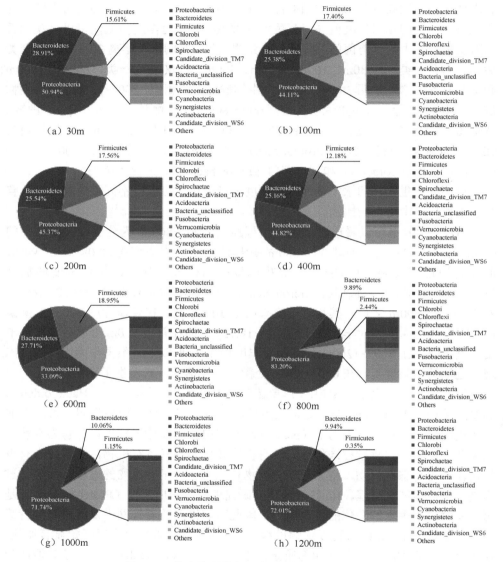

图 5.30　微生物群落在门水平下的相对丰度分析

为了更有效地说明管道中水质变化对微生物群落分布的影响，对管道沿程的水质进行分析整理，结果如图 5.31 所示。

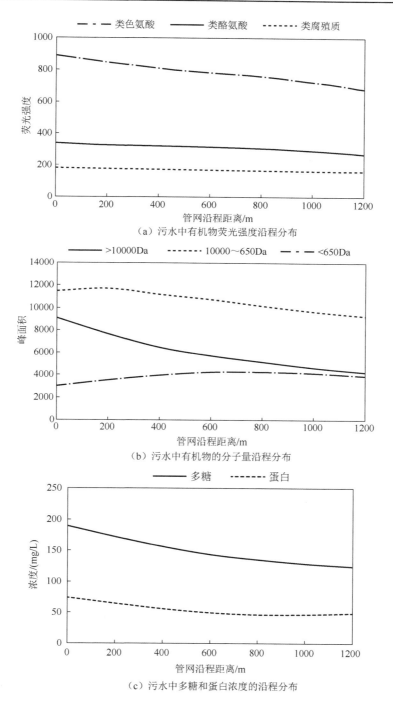

（a）污水中有机物荧光强度沿程分布

（b）污水中有机物的分子量沿程分布

（c）污水中多糖和蛋白浓度的沿程分布

图 5.31　管网中污水水质的沿程变化

图 5.31 中展示了污水中有机物的分子量，荧光强度以及多糖和蛋白的浓度。在管道前 600m 范围内，大分子物质含量下降，其中类腐殖质和类蛋白质的含量均有降低，该范围内的发酵过程主要通过是水解作用来完成的，这种环境条件使得厚壁菌门（Firmicutes）、拟杆菌门（Bacteroidetes）和变形菌门（Proteobacteria）均保持在一个稳定的相对丰度水平；在管道 800m 处以后，随着管网距离的增加，大分子物质继续向小分子物质转化，在该范围内的水解作用减弱酸化作用增强，使得变形菌门（Proteobacteria）在该环境条件和基质条件下更偏向于酸化过程，与其他微生物菌门相比有更强的适应性，从而在管网后端有着极高相对丰度。管道中大分子物质沿程降低，小分子物质沿程升高，说明在水解发酵菌的作用下，管道沿程中大分子物质向小分子物质转化，使得利用大分子物质的拟杆菌门（Bacteroidetes）在管道后端的相对丰度降低；而多糖、蛋白随着管网沿程含量的下降，使得利用蛋白和多糖作为主要碳源的厚壁菌门（Firmicutes）相对丰度急剧降低。

产甲烷菌属于古菌，需要借助古菌的检测平台进行检测。基于 454 高通量测序平台对管网中的产甲烷菌进行抽平分析。图 5.32 展现了管网沿程产甲烷菌的多样性变化。如上文所述，Shannon 指数是表征物种多样性的指标，因此图 5.32 是通过 Shannon 指数来反映产甲烷菌的多样性变化。

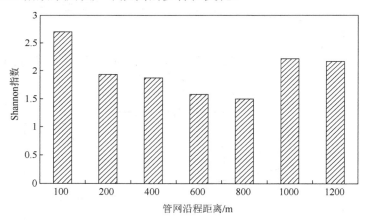

图 5.32　产甲烷菌多样性在管网中的沿程变化

由于在管网初始端 30m 处的生物膜样本中没有生成有效序列，即在 30m 处没有检测到产甲烷菌。从图 5.32 中可以看出，在管网 100～600m 的 Shannon 指数沿程降低，由 100m 处的 2.7 降低至 600m 处的 1.58，在管网 600～800m 处 Shannon 指数保持稳定，说明管网 800m 之前产甲烷菌的多样性沿程降低，且在 600～800m 保持稳定；在管网 1000m 处，Shannon 指数突然升高，此后一直保持稳定，Shannon 指数稳定在 2.2 左右，说明管网末端产甲烷菌多样性较为丰富且保持稳定。

5.2.2　功能性微生物群落结构特征

1. 功能性微生物的相对丰度分布特征

采用 FISH 技术对管网中的功能性微生物的相对丰度进行分析，研究中分别将每种功能性细菌与总菌的探针加载于需要研究的生物膜中，杂交后即得到彩图 5.33 中的效果。彩图 5.33 为管网 200m 处的杂交结果，图中红色为发酵菌，红色与蓝色总和为总菌。将实验结果用数据处理软件 Image Pro Plus 对各菌占总菌的比例进行分析。管网中存在的功能性微生物主要有亚硝化细菌（AOB）、发酵细菌（FB）、产氢产乙酸菌（HPA）、产甲烷菌（MA）及硫酸盐还原菌（SRB）几种，本小节对几种微生物的相对丰度进行研究。

图 5.34 为 AOB 菌群占总菌的相对丰度在管网生物膜形成过程中的变化情况。由图 5.34 可知，管网中的 AOB 占总菌的比例基本在 2%以内，数量很少，随着运行时间的增加，AOB 所占比例逐渐降低，10d 左右消失。这是由于管网中的缺氧及厌氧环境对该类细菌的环境胁迫，使其生长受限，生物膜形成过程中，膜内环境逐渐由缺氧向厌氧状态转变，初期部分兼性 AOB 菌群存在于生物膜中，而后期生物膜越来越厚，膜内环境不适合 AOB 生存，因此该类微生物逐渐消失。

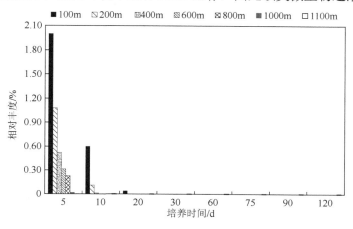

图 5.34　管网中 AOB 菌群的分布情况

对比图 5.34 中沿程各位置处 AOB 菌群分布情况，可知管网沿程菌群比例呈降低趋势，这是由于管网初始端的营养物质丰富，经发酵作用等产生的小分子有机物较多，AOB 菌群的营养丰富，可较好地繁殖生长，而越远离初始端，营养物质受限，微生物生长过程受抑制，因此菌群所占比例很少。而且，减少速率在管网初始端较为明显，是由于初始端的营养物质为微生物生长的主要限制性因素，管道中间段至末端处营养物质不再是其主要限制因素，因此减小速率逐渐变缓。

图 5.35 中显示，FB 菌群的相对丰度在 1%～17%。结合生物膜形成过程分析可知，随着生物膜形成时间的增加，生物膜中的 FB 菌群相对丰度呈增加趋势，但到 75d 左右，管网末端的 FB 减少以致消失，这与此时该位置处的膜内环境不适合该类细菌生存有关，FB 适合生存的 ORP 范围为-350～100mV，结合 5.1.2 小节中生物膜内环境的分析可知，越靠近管网末端，生物膜中的 ORP 越低，75d 时管网末端的 ORP 太低，不适合 FB 菌群生存。

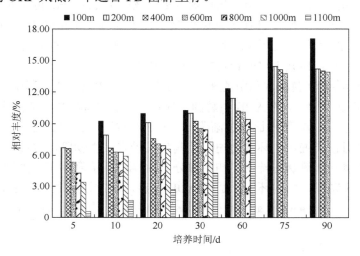

图 5.35　管网中 FB 菌群的分布情况

对比管网沿程的 FB 菌群分布情况可知，沿程的 FB 逐渐降低，这是因为管网初始端的营养物质较高，且环境适合该细菌生存，因此 FB 菌群相对丰度较高。随着沿程距离的增加，FB 菌群减小的幅度在 8%左右，说明该类菌群沿程差异较大。

图 5.36 中显示，HPA 菌群的相对丰度在小于 5%范围内变化。对生物膜形成过程进行分析可知，随着生物膜形成时间的增加，生物膜中的 HPA 菌群相对丰度呈增加趋势，但到 60d 左右，管网末端的 HPA 减少以致消失，这与此时该位置处的膜内环境不适合该类细菌生存有关，HPA 适合生存的 ORP 范围为-350～100mV。结合 5.1.2 小节中对生物膜内环境的分析可知，越靠近管网末端，生物膜中的 ORP 越低，60d 时管网末端的 ORP 太低，不适合 HPA 菌群生存，因此该类菌群突然减少，而管网初始端的 HPA 在成熟期内适合生存，则相对丰度不断增加。

对比图 5.36 中管网沿程的 HPA 菌群分布情况可知，沿程的 HPA 相对丰度逐渐降低，这是因为管网初始端小分子酸类等营养物质浓度较高，且环境适合该细菌生存，因此 HPA 菌群相对丰度较高。随着沿程距离的增加，HPA 菌群逐渐减少，减小幅度在 5%左右，说明沿程 HPA 菌群差异较大。

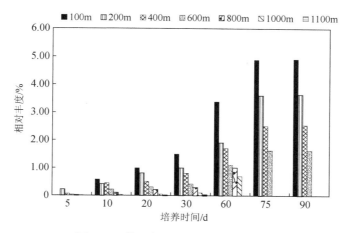

图 5.36　管网中 HPA 菌群的分布情况

对比图 5.37 中管网沿程的 MA 菌群分布情况可知，沿程的 MA 菌群相对丰度呈现逐渐增加的趋势，管网末端的相对丰度最高，这与管网内环境因素有关。管网沿程的 DO 和 ORP 值呈逐渐降低的趋势，适合 MA 菌群生存的 ORP 范围是低于-175mV，越靠近管网末端，膜内环境的 ORP 值及 OD 浓度越适合 MA 菌群生存，因此该菌群在管网沿程呈现逐渐增加的趋势。

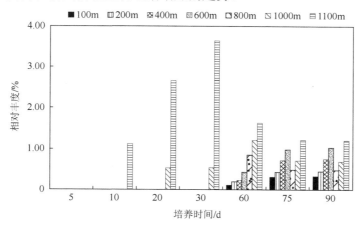

图 5.37　管网中 MA 菌群的分布情况

由图 5.37 可知，管网生物膜中 MA 菌群的相对丰度在 4%范围内变化。对生物膜形成过程分析可知，生物膜形成初期，膜中的 MA 菌群很少，几乎未检测到，随着生物膜形成时间的增加，膜中的 MA 菌群相对丰度呈增加趋势，但在 60d 及后期，管网末端的发酵及产乙酸菌由于不适合生存，相对丰度很低，导致产生的乙酸等物质很少，MA 菌群的营养基质少，该类菌群生长受到一定的限制，菌群相对丰度减少，而后保持稳定。

图 5.38 为管网中的 SRB 菌群在生物膜形成过程中的分布情况。图 5.38 中显示，SRB 菌群的相对丰度在 0～2.3%。随着生物膜形成时间的增加，生物膜中的 SRB 菌群相对丰度呈增加趋势，但到 60d 左右，管网末端的 SRB 减少以致消失，这与此时该位置处的膜内环境不适合该类细菌生存有关，SRB 适合生存的 ORP 范围为-250～-50mV，结合 5.1.2 小节中对生物膜内环境的分析可知，越靠近管网末端，生物膜中的 ORP 越低，60d 时 1000m 及其后位置的 ORP 太低，不适合 SRB 菌群生存，因此该类菌群突然减少，而管网初始端的 SRB 在成熟期内适合生存，且相对丰度不断增加。

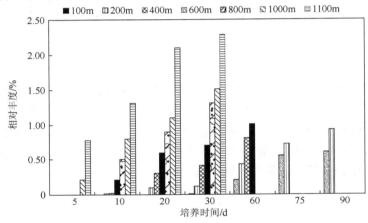

图 5.38 管网中 SRB 菌群的分布情况

由图 5.38 可知，沿程的 SRB 菌群相对丰度呈现逐渐增加的趋势，管网末端的 SRB 丰度最高，这与管网内环境因素有关。管网沿程的 DO 和 ORP 值呈逐渐降低的趋势，越靠近管网末端，膜内环境的 ORP 值及 DO 浓度越适合 SRB 生存，因此该菌群在管网沿程呈现逐渐增加的趋势。

对比图 5.39 中管网不同距离处的细菌总相对丰度可知，分析 200m 处的生物膜中微生物总相对丰度可知，随着运行时间的增加，功能性细菌呈增加的趋势，且在 75d 基本稳定，各细菌的相对丰度及总相对丰度基本不再变化。培养至 5d 时，膜中只有少量的 AOB，培养至 10d 时，FB 和 HPA 产生，且 FB 占很大比例，随着生物膜形成时间的增加，FB 和 HPA 不断增多，AOB 基本消失。在 60d 产生 SRB，并不断增加。功能性细菌的总相对丰度由 8%增加至近 20%，生物群落变化显著。管网沿程 400～600m 处的功能性细菌总相对丰度变化规律与 200m 处基本一致，只是 SRB 出现的时间越来越早。800m 处的功能性细菌总相对丰度随运行时间延长而不断增加，而在 75d 及其之后，总相对丰度突然降低，这是由于此时 FB 不适应环境而消失，导致微生物总相对丰度较低。而在 1000m 及 1100m 处，突降的时间分别在 75d 及 60d，突降后管网中的发酵过程主要集中于管网初始端。

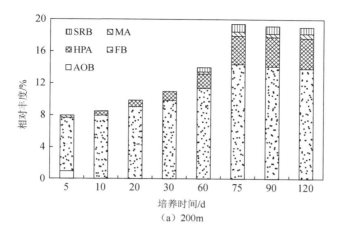

（a）200m

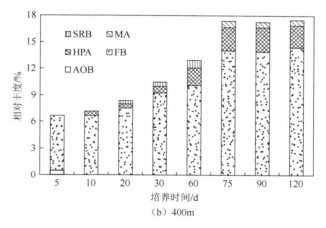

（b）400m

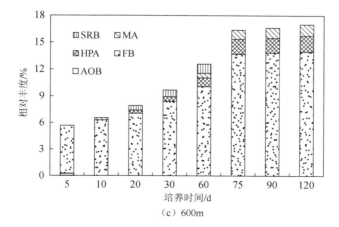

（c）600m

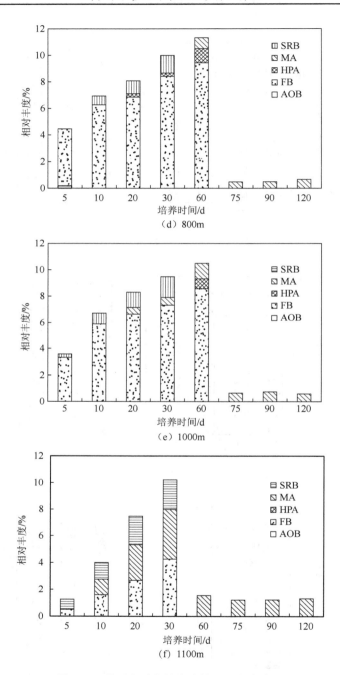

图 5.39　管网中功能性微生物相对丰度变化

随着管网沿程距离的增加，管网后端细菌总相对丰度呈现逐渐降低的趋势，即功能性细菌所占比例减少，说明管网沿程的生物膜菌群结构变化显著，其原因是管网末端生存条件较差，功能性微生物生存受限。

2. 功能性微生物的群落组成规律

对微生物属水平下的功能性微生物群落进行分析，结果如彩图 5.40 所示。在图中可以清楚地看到，不同功能性微生物群落在管网沿程中的分布发生了改变。彩图 5.40 展现了 FB、HPA、SRB、DNB 和其他异养菌（OHB）的菌属的相对丰度情况。可以看出，以 600～800m 为分界线，这 4 种功能性菌群的菌属构成均发生了明显的改变。

对 FB 而言，在管网初始端 30m 的范围内，明串珠菌属（Trichococcus）为优势菌属，在管网 400m 处之前，管网内的明串珠菌属（Trichococcus）相对丰度最高且有沿程增加的变化趋势，管网前端大分子物质的构成相对复杂且含量较高，物质条件更适宜于能够水解大分子物质的明串珠菌属（Trichococcus）生存（Scheff et al.,1984）。至管网 600m 处，明串珠菌属（Trichococcus）的相对丰度骤降，而在 800m 处黄杆菌属（Flavobacterium）的相对丰度得到极大提高，开始成为优势菌属，说明该菌属可以利用小分子产酸。在 800m 处以后，黄杆菌属（Flavobacterium）的相对丰度开始沿程降低，这是由于其所利用的物质不断被消耗而导致其在与其他菌属的竞争中逐渐处于劣势。结果表明，在管网沿程中，FB 菌群在管网中的分布发生了改变，即以 600～800m 为分界线，优势菌属发生了由明串珠菌属（Trichococcus）向黄杆菌属（Flavobacterium）的转变。

在管网中 HPA 的分布也发生了改变。同样以 600m 和 800m 为分界点，主要利用乳酸的韦荣氏球菌属（Veillonella）向利用低分子脂肪酸的厌氧绳菌属（Anaerolinea）转变，说明这 2 种菌属相比，韦荣氏球菌属（Veillonella）更适合于在管网前端乳酸较为丰富的环境条件下生存，而当乳酸含量下降到一定程度时，恶劣的物质条件抑制了韦荣氏球菌属（Veillonella）的生长，使得厌氧绳菌属（Anaerolinea）得以在管道后端较为稳定的 VFA 环境下生存（Yang et al.,2015; Rogosa et al.,1964）。

对于 SRB 而言，30m 处以脱硫弧菌属（Desulfovibrio）为主，这是由于管道初始 30m 处丰富的甲醇和乳酸等物质为脱硫弧菌属（Desulfovibrio）的生长代谢提供了足够的碳源（Tsukamoto et al.,1999）。然而随着管网沿程距离的增加，在管道沿程 100～400m，脱硫弧菌属（Desulfovibrio）的相对丰度逐渐降低，以异丁酸作为碳源物质的脱硫线菌属（Desulfonema）成为优势菌属，且其相对丰度逐渐增加。在管网沿程 600m 处以后，管网中 SO_4^{2-} 浓度不足，成为了限制 SRB 生长的主要因素，SRB 整个菌群的相对丰度开始降低，说明管道内硫酸盐还原功能开始减弱（Fukui et al., 1999）。这种结果表明 SRB 在管网中的分布变化是一个由脱硫弧菌属（Desulfovibrio）向脱硫线菌属（Desulfonema）的转变，最终 SRB 菌群逐渐衰亡的过程。

对 DNB 而言，在管网前端优势种群构成相对单一，*Dechloromonas* 在代谢过程，以 O$_2$ 和 NO$_3^-$ 作为电子受体来氧化乙酸（Achenbach et al., 2001）。由于在管道 30～600m，乙酸是主要发酵产物之一，使得 *Dechloromonas* 为主要优势菌群，但是随着 DO 和 NO$_3^-$ 沿程降低，导致该菌属在此范围内的相对丰度逐渐降低；而在管道 600m 处以后，管道中稳定的丙酸环境使得 *Alicycliphilus* 逐渐取代 *Dechloromonas* 成为优势菌属（Mechichi et al., 2003）。因此，以 600～800m 为分界线，DNB 在管网中的分布发生了改变，优势菌属由 *Dechloromonas* 转变为 *Alicycliphilus*。

除了上述提到的微生物群落所包含的所有菌属之外，剩余的菌属的总相对丰度高达 60%～95%，因此这些菌属是不可忽视的群落组成部分。在本书中，为了将这些菌属与 FB、HPA、SRB 和 DNB 区别开，将这些菌属视为一个新的群落，定义为 OHB。在管网中，OHB 的相对丰度最高，说明管网中的环境条件更适合于 OHB 的生长。由于 FB 可以改善污水的可生化性，FB 的发酵作用产生了丰富的可降解有机物，这些有机物可以被 OHB 利用，这就使得 OHB 的相对丰度在管网沿程中呈现出了逐渐升高的变化趋势。

表 5.5 反映了管网中 MA 的构成及其相对丰度情况，在表 5.5 中可以看出，管网中检测到的 MA 共有 9 种，其中产甲烷八叠球菌属（*Methanosarcina*）、广古菌门中的菌属（*Euryarchaeota*）、产甲烷杆菌科中的菌属（*Methanobacteriaceae*）和古菌门中的菌属（*Archaea*）在管网中始终存在。彩图 5.41 是在属水平下对产甲烷菌进行的热图分析。由于 30m 没有 MA，因此该处的样本不参与热图分析。

表5.5　管网中产甲烷菌的构成及其相对丰度

产甲烷菌	管网沿程距离/m						
	100	200	400	600	800	1000	1200
Methanosarcina	0.25	0.49	0.57	0.63	0.64	0.30	0.30
Euryarchaeota	0.37	0.30	0.24	0.26	0.25	0.54	0.54
Methanobacteriaceae	0.22	0.075	0.058	0.0053	0.0070	0.062	0.060
Methanosarcinaceae	0.035	0.079	0.097	0.089	0.085	0.031	0.026
Methanospirillum	0.059	0.013	0	0	0.012	0.029	0.022
Archaea	0.0076	0.029	0.011	0.011	0.0056	0.015	0.013
Methanobacterium	0.045	0	0	0	0	0.0090	0.0078
Environmental-samples-norank	0.0070	0	0.016	0	0	0.0057	0.025
Methanosaeta	0	0.011	0	0	0	0.0028	0.0024
其他	0.0064	0.003	0.008	0.0047	0.0004	0.0055	0.0038

彩图 5.41 中聚类结果表明，管网沿程 100～1200m 中的产甲烷菌群落结构共分为两大类，其中 200～800m 为一类，100m、1000m 和 1200m 为一类。在管网

沿程 200～800m 这一类相似的微生物群落结构中，600m 和 800m 处的微生物群落结构最为相近，而在 100m、1000m 和 1200m 处形成的这一类相似的微生物群落结构中，以 1000m 和 1200m 处的微生物群落结构最为相似；在 800m 和 1000m 这一相邻位置处，群落结构发生了明显的改变，说明在该处产甲烷菌在管网中的分布发生了改变。同时，根据图中的颜色分布可以看出，在管网中的优势菌属有产甲烷八叠球菌属（*Methanosarcina*）、广古菌门中的菌属（*Euryarchaeota*）和产甲烷杆菌科中的菌属（*Methanobacteriaceae*），其中产甲烷八叠球菌属（*Methanosarcina*）和广古菌门中的菌属（*Euryarchaeota*）为主要优势菌属。

图 5.42 反映了管网中产甲烷菌相对丰度的沿程变化。由图 5.42 可知，在管网 30m 处，3 种菌属都不存在。在管网 100～800m，产甲烷八叠球菌属（*Methanosarcina*）的相对丰度最高，且随着管网距离的增加相对丰度也不断增加。与之相反，广古菌门中的菌属（*Euryarchaeota*）在管网 100～800m 相对丰度的沿程变化趋势与产甲烷八叠球菌属（*Methanosarcina*）严格相反，它们的相对丰度在管网中沿程降低。在管网 1000～1200m，产甲烷八叠球菌属（*Methanosarcina*）的相对丰度降低并保持稳定，广古菌门中的菌属（*Euryarchaeota*）相对丰度升高并保持稳定，其中广古菌门中的菌属（*Euryarchaeota*）超过产甲烷八叠球菌属（*Methanosarcina*）成为相对丰度最高的产甲烷菌。从图中可以看出，600m 和 800m、1000m 和 1200m 的优势菌属的相对丰度变化不大，这与群落结构分析可以很好地对应起来，也说明了群落中的优势菌属的构成基本反映了群落结构的构成情况。同时，在管网 800～1000m，广古菌门中的菌属（*Euryarchaeota*）相对丰度最高的优势菌属，说明在该范围内，产甲烷菌群的分布发生了改变。

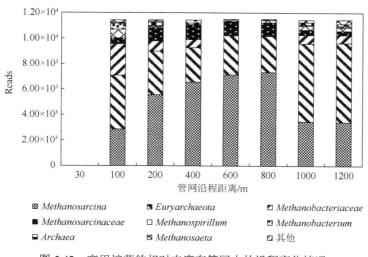

图 5.42　产甲烷菌的相对丰度在管网中的沿程变化情况

5.2.3　功能性微生物种群间的依存关系

管网中发酵细菌、产氢产乙酸菌及产甲烷菌存在相互影响的关系。发酵细菌利用胞外酶，将不能直接被微生物体利用的复杂大分子有机物质分解为小分子有机物质，即将颗粒态物质分解为溶解态物质，最典型的是将有机物质如蛋白质被分解为短肽和氨基酸，多糖被分解为葡萄糖。继而，发酵细菌在体内利用脂肪酸、氨基酸和葡萄糖等小分子有机物近一步生成更简单的小分子有机物，主要产物包括 VFA（乙酸、丙酸和异丁酸等短链脂肪酸）、乳酸和醇类物质（乙醇和甲醇）等。发酵作用生成的小分子物质如丙酸、异丁酸、乳酸等，被产氢产乙酸菌利用生成乙酸和氢气，同时伴有二氧化碳的产生。产甲烷细菌利用甲酸、甲醇、甲胺和乙酸（统称为"三甲一乙"）几种物质生成甲烷。因此，几种微生物的活性互相影响。当发酵细菌活性较好时，可产生足够的小分子有机物供产氢产乙酸细菌利用，产氢产乙酸细菌具有适宜的基质浓度，其代谢活性势必较高。而当产氢产乙酸细菌受到其他因素影响，微生物活性较低时，对小分子有机物的代谢能力也较弱，造成小分子有机物的积累。这将抑制发酵细菌的活性，影响其生长繁殖速率。同样的道理，较高的产甲烷菌活性将促进"三甲一乙"的产生，进而促进产甲烷菌的活性；反之，产甲烷菌活性低时，会影响产氢产乙酸菌及发酵细菌的活性及代谢过程。因此，代谢过程存在重合的几种细菌会存在依存关系。

5.3　管网中污染物转化的微生物作用原理

污水在管网内流动的过程中，附着在管道内壁上生物膜中的微生物对管网内有机物具有去除作用。Nielsen 等（2008）经过研究后指出，就微生物反应过程而言，污水管网和污水处理厂存在较多的相似的地方，并提出污水管网中微生物的反应过程可以结合活性污泥系统的概念和模型进行描述和应用。他对自然状态下，不同温度条件下污水管道内的糖类、蛋白质等大分子有机物质以及乙酸等小分子有机物质进行了相关研究。结果表明，当温度不同时，这些物质的含量和组分都发生较大的变化，且在变化过程中基本符合高活性的零级反应模式。Raunkjaer 等（1995）以一段 5km 长的重力流污水管道为研究对象，研究了污水管道内 BOD 的变化。结果表明，在 25℃时，城市生活污水流经污水管道后，获得了较高的 BOD 去除率，去除率可以达到 30%～40%。Green 等（1985）通过采用 SBR 生物反应器模拟重力污水管道，以 Dan Region 地区为研究地点，该地区有主干管长达 37km 的污水收集管网，污水管道的管径范围为 600～2100mm，污水在管道内的水力停留时间超过 10h。在研究过程中，通过在不同时间段向 SBR 生物反应器间歇加水来模拟实际污水管网中不同管道处的汇流，研究结果表明，反应器内污水的 COD 去除率高达 79%～80.8%，污水水质得到了极大地改善。Ozer 等（1995）通过对一根长 3m 的管道进行研究，发现污水经过管道输送后，污水中有机物的含量降低，有机物得到一定程度的去除，附着在管道内壁上的生物膜在有机物去除过程中起到了十分重要的作用。Chen 等（2001）以一条长 1.5km 的混凝土污水管道作为研究对象，对管道内的有机物含量进行了连续监测，研究结果表明污水在流经管道的过程中溶解性有机碳（dissolved organic carbon，DOC）得到一定程度上的去除。

　　国内学者在微生物对有机物的去除方面也进行了大量的研究。Sun 等（2015）利用七个序批式厌氧生物膜管道反应器对甲肌醇（污水管网中主要臭味物之一）的变化情况进行了研究。研究结果表明，附着在管道反应器内壁的生物膜中的产甲烷菌活性与甲肌醇的降解速率有关，随着生物膜中产甲烷菌活性的增加，甲肌醇的降解速率也会增加，与之相反，当产甲烷菌活性较低时甲肌醇将会出现积累。王西傅等（2000）将细胞固定化的技术应用到污水管网中，通过模拟实验的方式评价了该技术对污水管网中污水的净化效果，并对厌氧工艺模式、好氧工艺模式、缺氧—好氧工艺模式及厌氧—缺氧—好氧工艺模式的运行效果进行了对比分析。研究结果表明，在保证一定水力停留时间的前提下，对污水管网进行细胞固定化处理，同时对管网内的污水进行适当曝气，可以使管网内的有机污染物浓度和出水悬浮物浓度达到排放标准中的二级标准，且可以保证有机污染物的去除率达到 60%以上。进一步对实验结果进行分析，表明沉积物上的微生物对有机污染物的去除作用比水中的微生物对有机物的去除作用更明显，其中沉积相中微生物对有机污染物去除的贡献率为 60%，而污水相中微生物的贡献率为 40%，由此说明在有机污染物的去除过程中，沉积相中微生物的生化反应过程是有机污染物去除的主要过程。为了进一步验证管网中微生物对有机污染物的去除作用，田文龙（2004）通过对污水管网进行人工挂膜来改善膜微生物的生长条件，并对流经挂膜后的管网中的污水进行了有机物含量变化的研究，实验结果表明，流经污水管道后的污水中有机物含量急剧降低，有机物的去除率高达 70%。

　　通过上述研究结果可看出，微生物的生化反应对有机物的去除作用显著，在微生物的作用下，污水管网中的有机物含量发生了变化；如果能在管道中创造更有利于生化反应过程发生的条件，则会大大提升污水中污染物的去除效果。值得注意的是，如今"污水管网中微生物具有去除污染的能力"这一结果被更多的学者所关注，但人们忽视了这样一种可能，污染物的降解也有可能是管网中微生物改变了有机物的化学结构，从而引起其物质的 COD 降低。因此，掌握管网中微生物的生化作用与污染物浓度变化之间的内在联系对于明确污水输送过程中的生物转化机制至关重要。

5.3.1 污染物转化的微生物作用过程特征

1. 微生物对不同碳链有机物分子的降解作用

以碳原子个数大于等于 5（$n_C \geqslant 5$）的有机物 COD 来表征大分子有机物（主要由多糖和蛋白质构成）；以碳原子个数小于 5（$n_C < 5$）的有机物表征分解后的发酵产物，通过对管网系统沿程不同碳链分子的浓度进行检测，如图 5.43 所示。结果表明，大分子有机物在管网中呈沿程降低趋势，在管网 0m、30m、100m、200m、400m、600m、800m、1000m 和 1200m 处 $n_C \geqslant 5$ 的 COD 浓度分别为 335.09mg COD/L、306.70mg COD/L、295.89mg COD/L、259.73mg COD/L、255.20mg COD/L、232.79mg COD/L、217.54mg COD/L、204.61mg COD/L 和 198.40mg COD/L，去除率为 40.79%。由此可知，在管网系统内，污水中 $n_C \geqslant 5$ 的有机物含量是沿程降低的，说明了微生物对管网中的大分子有机物存在着一定的降解作用。

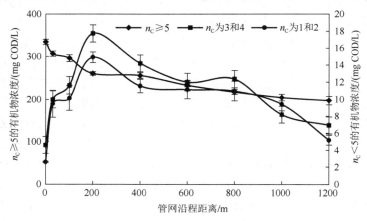

图 5.43　$n_C \geqslant 5$ 的有机物和 $n_C < 5$ 的有机物在管网中的沿程变化

碳原子个数为 3 和 4 的有机物和碳原子个数为 1 和 2 的有机物包含 VFA、乳酸、甲醇、乙醇和甲胺等发酵产物，这些物质的浓度在管网中呈现出先增加后降低的变化趋势。在管网 0m、30m、100m、200m、400m、600m、800m、1000m 和 1200m 处 n_C 为 3 和 4 的有机物浓度分别为 4.60mg COD/L、9.98mg COD/L、11.62mg COD/L、17.74mg COD/L、14.19mg COD/L、12.01mg COD/L、12.34mg COD/L、8.19mg COD/L 和 6.92mg COD/L。同样的，n_C 为 1 和 2 的有机物在管网 0m、30m、100m、200m、400m、600m、800m、1000m 和 1200m 处的浓度分别为 2.59mg COD/L、9.46mg COD/L、10.14mg COD/L、14.90mg COD/L、11.55mg COD/L、11.15mg COD/L、10.53mg COD/L、10.98mg COD/L、9.42mg COD/L 和 5.20mg COD/L。在前 200m 处 n_C 为 3 和 4 以及 n_C 为 1 和 2 的有机物浓度沿程增加。$n_C \geqslant 5$ 的有机物降低的变化

趋势，说明管网中，大分子有机物在发酵菌的作用下被转化为小分子有机物质。而 n_C 为 3 和 4 以及 n_C 为 1 和 2 在管网中存在降低的现象，则是由于乳酸、乙醇和甲醇和等小分子物质不断被消耗的结果。

2. 微生物对发酵过程的作用特征

污水管网中的城市污水中含有大量的有机物质和营养盐类物质，其中大分子有机物质通过发酵作用被转化为小分子有机物质，主要包括 VFA、甲醇、乙醇和乳酸等。

对管网沿程发酵产物进行监测，结果如图 5.44 所示。VFA、乳酸和乙醇作为典型的发酵产物，它们在管网中的变化规律基本一致。从图 5.44（a）中可以看出，除了乙酸和丙酸以外，甲酸和异丁酸在管网中沿程的变化趋势为先增加后减少；而乙酸在管网沿程的变化规律为先增而后保持稳定，最后在末端出现急剧降低；丙酸在管网沿程的变化规律为先增加而后保持稳定。在管网初始端，各类发酵产物开始逐渐产生，并且呈现增加的变化趋势，其中甲酸、乙酸、丙酸和异丁酸在 0m 处的浓度分别为 0.19mg COD/L、2.40mg COD/L、2.56mg COD/L 和 1.78mg COD/L；甲酸在管网 400m 处达到峰值，其浓度为 1.27mg COD/L，而后甲酸浓度沿程降低，至 1200m 处其浓度降低为 0.25mg COD/L；乙酸在 600m 处达到峰值 9.36mg COD/L，而后在 600～1000m 浓度保持稳定，1000m 处以后乙酸在管网中的浓度开始降低，至 1200m 处为 4.55mg COD/L；异丁酸在 800m 处的浓度达到峰值 4.69mg COD/L，而随着管网距离的增加，浓度逐渐降低；丙酸在 30m 处浓度升高至 5.39mg COD/L 后保持稳定。由此可知，VFA 浓度的逐渐升高，是大分子有机物在发酵菌的水解发酵作用下转变成小分子有机物的过程，而后各种酸在不同位置处出现的峰值以及出现峰值后的不同的变化情况，是由于管网中不同代谢功能的微生物在管网中的分布状况造成的。此外，异丁酸和丙酸浓度达到峰值后沿程降低，而乙酸保持稳定，说明管网中可能在产氢产乙酸菌的作用下，有丙酸和异丁酸向乙酸的转化过程。图 5.44（b）中可以看出除 VFA 外的其他发酵产物在管网中的变化情况。乳酸和乙醇在管网中的变化规律相同，均呈现出先增加后降低的变化趋势，而 CO_2 的浓度在管网中是沿程增加的。在管网初始端 0m 处，乳酸和乙醇的浓度分别为 0.27mg COD/L 和 0。随着管网距离的增加，乳酸和乙醇在管网中的浓度也随之增大，并在 200m 处达到最大值，浓度分别为 9.60mg COD/L 和 7.19mg COD/L；200m 处以后，2 种有机物的浓度开始沿程降低，并在 1000m 处以后 2 种物质消失。乙醇的存在，说明管网中发酵过程有醇类物质的产生。乳酸和乙醇浓度刚开始沿程增加，说明在管网初始端大分子物质发酵菌的作用下会被分解为乳酸和乙醇，而后 2 种物质浓度降低，再结合乙酸在 600m 处浓度保持稳定的状况，则有可能是由于乳酸和乙醇在管网中微生物的作用下向乙酸转化。CO_2 浓度随管网距离延长逐渐增加，说明管网中存在一定程度的无机碳化过程，这也是各研究报道污水在输送过程中 COD 减少的重要原因之一。综上所述，在微生物的作用下，管网中存在显著地丙酸、异丁酸、乳酸和乙醇等发酵产物向乙酸发生转化的过程。

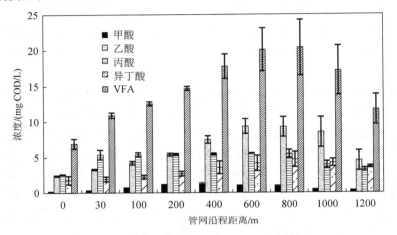

（a）不同种类的 VFA 在管网中的浓度沿程变化

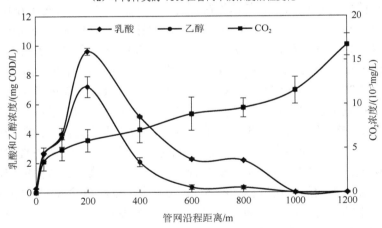

（b）其他类型的发酵产物在管网中的沿程变化

图 5.44　发酵产物在管网中的沿程变化

　　图 5.45 反映了产甲烷菌可利用基质的变化情况。管道中存在的产甲烷菌可利用基质有甲酸、甲醇、甲胺、乙酸（"三甲一乙"）和 H_2，其中乙酸的浓度最高，而甲胺的浓度极低。甲酸、甲醇、甲胺和 H_2 这 4 种基质浓度在管网中的变化规律基本一致，均呈现出先增加后降低的变化趋势，而乙酸在管网中的变化规律为先增加后降低。其中甲酸和乙酸的变化规律在之前已经叙述，此处不再赘述。在管

网 0m 处，没有甲醇、甲胺和 H_2 的生成。而后，甲醇在 30m 处达到最大值 3.24mg COD/L 后开始沿程降低；而甲胺在整个管网中的浓度保持在很低的水平且不超过 0.03mg COD/L，在 800m 处浓度最高 0.028mg COD/L；H_2 浓度在 200m 处达到最大值 472.86×10^{-6}mg/L 后开始降低，并在 1200m 降低至 0。除乙酸外的 4 种基质在管网中均存在浓度降低的现象，说明这 4 种基质在管网中都被产甲烷菌利用生成 CH_4。而乙酸一方面由发酵过程和产氢产乙酸过程产生，是主要的发酵产物；另一方便乙酸被产甲烷过程所利用，根据厌氧三阶段理论，在发酵产甲烷过程中 72% 的甲烷主要来自于乙酸，而在管网中，乙酸是浓度最高的液相产甲烷可利用基质，即产甲烷菌可以利用的乙酸多，说明在管网中产甲烷菌主要利用乙酸，因此乙酸的浓度在管网后端保持稳定。

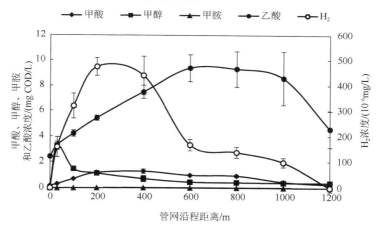

图 5.45　产氢产乙酸产物在管网中的沿程变化

图 5.46 中展现了管网中 CH_4 浓度的变化趋势，结果表明管网中 CH_4 浓度较低，均在 3% 以下，远小于 50%，因此管网内甲烷化程度较低（李海红等，2015）。由图 5.46 可以看出，CH_4 在管网沿程中的变化规律是增加的。在 0～30m 处，没有 CH_4 产生，这可能由于在管网始端，污水中 DO 浓度较高，不适合产甲烷菌富集生长，此外污水中的有机物质以大分子有机物为主，这些大分子有机物质无法被产甲烷菌直接利用。随着管网沿程距离的不断增加，管道内 CH_4 浓度也不断升高，在 1200m 处达到最大值，其浓度为 1.374×10^2mg/L。CH_4 浓度沿程升高是由于管道内的水解发酵过程使得大分子物质转化为 VFA（如乙酸等）等小分子物质，产甲烷菌得以不断利用乙酸等可利用基质，使得 CH_4 在管网中不断产生并得到积累，故管网中的 CH_4 浓度随之升高。

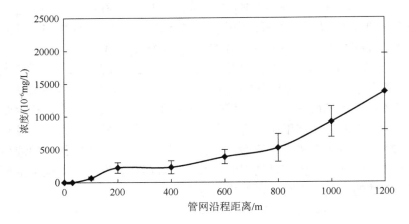

图 5.46　管网沿程中 CH_4 浓度的变化

3. 微生物对 SO_4^{2-} 的转化作用

对管网中 SO_4^{2-} 的浓度历时变化情况进行分析，见图 5.47。结果表明，SO_4^{2-} 浓度由初始的 23.1～38.5mg/L，经过 2h 后出水浓度降为 16.8～29.4mg/L，去除率为 13%～28%。

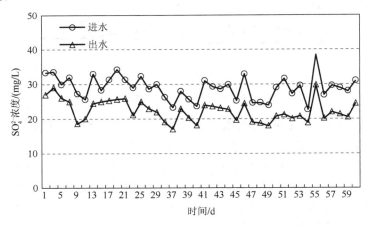

图 5.47　SO_4^{2-} 的浓度历时变化

从图 5.48 中可以看出，在模拟管段内 SO_4^{2-} 沿程呈现降低的趋势，由初始平均浓度 28.9mg/L，经过 1200m 距离后平均浓度降低为 22.3mg/L，平均去除率为 23.1%，沿程 200m、400m、600m、800m 和 1000m 处的浓度分别为 27.3mg/L、25.9mg/L、24.8mg/L、23.8mg/L 和 22.9mg/L，平均每间隔 200m 去除率分别为 5.6%、4.9%、4.4%、4.3%、3.8% 和 2.7%。SO_4^{2-} 浓度降低主要是由于管网内硫酸盐还原

菌的作用。污水进入模拟管段内，在缺氧/厌氧的环境下硫酸盐还原菌将 SO_4^{2-} 还原为 S^{2-}，从而导致 SO_4^{2-} 的浓度降低（王怡等，2012）。

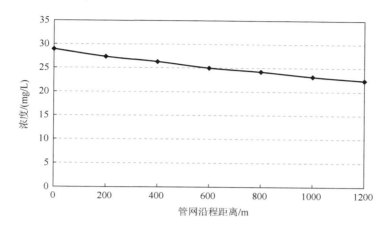

图 5.48　SO_4^{2-} 在管网沿程中的浓度变化

5.3.2　微生物作用的动力学解析

　　污水在管网流动过程中，在管网内沉积物的表面和管道内壁上附着大量的生物膜，生物膜由不同功能的微生物群落构成，而生物膜上的微生物对污水的生化反应是污水中污染物去除的主要途径。管网中微生物的生化反应过程主要包括水解发酵作用、氨化作用、硝化和反硝化作用、硫酸盐还原作用、产甲烷作用以及微生物的增长与衰减等（李茂林，2013）。根据管道内部环境条件的不同，污水管网内的生化过程可分为好氧条件下的生化过程及厌氧条件下的生化过程。

　　由于我国污水管道多为厌氧管道，因此污水管道内生化反应以厌氧生化反应为主。管道中厌氧生化过程主要有三个阶段，即发酵阶段，产氢产乙酸阶段和产甲烷阶段。在厌氧条件下还会发生硫酸原还原过程和反硝化过程。图 5.49 为污水管网厌氧生化过程示意图（Hvitved-Jacobsen et al., 2001）。管网中厌氧生化反应的主要机理如下。

　　（1）发酵阶段：作为厌氧反应的第一步，发酵又分为水解和酸化两个过程。水解作用是利用微生物的胞外酶，将不能直接被微生物体利用的复杂大分子有机物质分解为小分子有机物质，也是将颗粒态物质分解为溶解态物质的过程（Ishida et al., 1980）。管网中典型的有机物质如蛋白质被分解为短肽和氨基酸，多糖被分解为葡萄糖等（Kadlec, 2003）。酸化作用是微生物在体内利用脂肪酸、氨基酸和葡萄糖等小分子有机物近一步生成更简单的小分子有机物的过程，这一阶段的主要产物包括 VFA（乙酸、丙酸和异丁酸等短链脂肪酸）、乳酸和醇类物质（乙醇和甲醇)。由于在发酵过程中有大量的 VFA 产生,此阶段也被称为产酸发酵阶段(Ishii et al., 2014)。具有发酵作用的微生物主要包括两类:厌氧菌和兼性厌氧菌(Lettinga et al., 1993)。兼性厌氧菌在发酵过程中会将 DO 作为电子供体,消耗水中的 DO,降低体系内的 ORP,同时也为产甲烷过程创造良好的环境条件。有研究表明,在污水管网中有丰富的发酵菌群,其发酵作用是污水水质改变的重要原因。

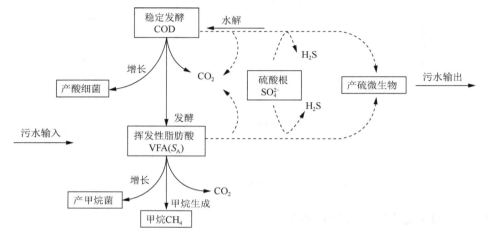

图 5.49　厌氧生化过程示意图

(2)产氢产乙酸阶段:在产氢产乙酸过程中,发酵作用生成的小分子物质如丙酸、异丁酸、乳酸等,被产氢产乙酸菌利用生成乙酸和氢气,同时伴有二氧化碳的产生(Mcmahon et al., 2004)。乙酸是产甲烷过程中的重要基质,除了产氢产乙酸过程是乙酸生成的主要途径外,同型产乙酸过程也是生成乙酸重要途径。与产氢产乙酸菌不同,在厌氧条件下,同型产乙酸菌可以利用 H_2 和 CO_2 生成乙酸,为产甲烷过程提供了良好的物质保障。同型产乙酸菌通过 Ljungdahl-Wood 途径(又称作乙酰 CoA 途径)将 CO_2 还原为乙酸。同型产乙酸过程在标准状态下可以自发进行。但实际的产氢产乙酸过程只有在氢分压较高时才会发生,此时细菌为了维持适宜的生存环境会利用 H_2 和 CO_2 生成乙酸。因此,对于管网系统而言,当管网中存在足够的氢营养型细菌(如产甲烷菌),或管道内氢气可以排除从而使得氢分压较低时,同型产乙酸过程不会发生(朱葛夫,2007)。

(3)产甲烷阶段:产甲烷过程在绝对厌氧的条件下发生。产甲烷过程中利用的基质主要有甲酸、甲醇、甲胺和乙酸,同时 H_2 也是产甲烷过程中利用到的重要基质。其中乙酸是产甲烷过程中最重要的可利用基质,有 70%的甲烷由乙酸产生。甲烷作为厌氧发酵的末端产物,它的产生对污水水质的改变具有重要的影响。Guisasola 等(2009)在研究管网内甲烷的形成过程中发现,甲烷的产生会造管网中成 SCOD 的损失。Liu 等(2015)在研究管道中甲烷的释放过程中发现,甲烷在管道中的产生受水力停留时间、充满度、温度和 COD 负荷等因素的制约。

（4）硫酸盐还原阶段：即硫酸盐还原菌利用乙酸和乳酸等有机物作为碳原物质，将 SO_4^{2-} 还原为 H_2S 的过程。Yongsiri 等（2005）在研究管网中污水的构成对 H_2S 释放的影响的过程中，构建了管网中的 H_2S 释放模型。结果表明，污水中的 H_2S 释放速率是去离子水中 H_2S 释放速率的 60%，而 H_2S 的亨利常数在污水和去离子水中差别不大，由此得出阿尔法常数和贝塔常数分别为 0.6 和 1。由于管网中的沉积物和生物膜中有 SRB 的存在，因此硫酸盐还原过程主要发生在管网的沉积物和生物膜中。

5.3.3　微生物与污染物的耦联作用机制

管网中基质条件的变化也会对功能性微生物群落分布的产生影响。由前述可知，在管网 0～200m，乳酸、乙酸、丙酸和异丁酸等发酵产物均呈现沿程增加的变化趋势，其中乳酸和乙酸浓度最高，为主要发酵产物；在 200～600m，乳酸和乙醇的浓度开始沿程降低，丙酸、异丁酸和乙酸浓度持续增加；乙酸、丙酸和异丁酸在 600m 处以后保持稳定，此时乙酸成为唯一的主要发酵产物。由于在管网中的有机物的构成始终以大分子有机物质为主，有机物的改变还是主要通过 FB 的水解酸化作用来完成，如彩图 5.50 所示，在以大分子有机物为主的基质条件下，FB 始终为最主要的微生物菌群；但随着 FB 可利用的营养基质不断被消耗，FB 的相对丰度也沿程降低。另外，由于发酵作用产生的易降解有机物，使得管网中 OHB 的相对丰度逐渐增加。FB 优势菌属明串珠菌属（*Trichococcus*）在发酵过程中会产生乳酸和乙酸等小分子物质，因此管网前端乳酸和乙酸的含量较高（Liu et al., 2002）。乳酸是发酵过程中的重要中间代谢产物，可以同时被 HPA 和 SRB 等功能性微生物菌群利用，因此管道 600m 处以前丰富的乳酸环境使得 HPA 和 SRB 具有一定的竞争优势，相对丰度也沿程增加（Wang et al., 2008）。其中，HPA 优势菌属韦荣氏球菌属（*Veillonella*）和 SRB 优势菌属脱硫弧菌属（*Desulfovibrio*）均以乳酸为代谢过程中的碳源物质，前者的产氢产乙酸作用和后者的硫酸盐还原作用也使得乳酸不断被消耗；而在管道 600m 处以后，乳酸浓度降低至一定水平，使得 HPA 与前 600m 相比，其分布发生了变化。同时，由于 SO_4^{2-} 浓度不足，使得 SRB 的相对丰度急剧降低。乙酸作为 VFA 的重要组成物质，不仅仅是是连接水解发酵过程和产甲烷过程的重要物质，同时也是反硝化过程中的更倾向于被利用的碳源物质（Zhang et al., 2013）。在管网前 600m，乙酸富集，但 NO_3^- 的浓度不断降低，使得 DNB 的相对丰度沿程下降；而在 600m 处以后，乙酸浓度保持稳定且 DNB 的分布发生了改变，可能是由于管网后端的环境更利于乙酸被 MA 利用，而管网稳定的丙酸和异丁酸环境，使得 DNB 转而利用丙酸和异丁酸，因此出现了利用丙酸的 DNB 优势菌属 *Alicycliphilus*。在管网中，乙酸、甲酸、甲醇和 H_2 都是产甲烷过程中需要用到的基质。在 800m 以前，MA 可以利用的基质有甲酸、甲醇、乙酸和 H_2，乙酸为主要的基质，基质构成比较复杂。产甲烷八叠球菌（*Methanosarcina*）的相对丰度较高。然而在 800m 处以后，基质条件单一，大部分发酵产物有向乙酸转化的趋势，乙酸几乎成为 MA 可利用的唯一基质，此时相对丰度最高。因此可以推测产甲烷八叠球菌（*Methanosarcina*）适宜于在基质条件复杂的环境下生存，而广古菌门的菌属（*Euryarchaeota*）适宜于在基质环境以乙酸占绝对优势的条件下生存。

参 考 文 献

郭海泉, 2014. 西安市截流干管水质水量变化规律与解析[D]. 西安：西安建筑科技大学.

郝晓宇, 2014. 城市污水管网水质变化规律模拟研究[D]. 西安：西安建筑科技大学.

李海红, 巴琪玥, 闫志英, 等, 2015. 不同原料厌氧发酵及其微生物种群的研究[J]. 中国环境科学, 35(15): 1449-1457.

李茂林, 2013. 基于 PIV 与 FLUENT 的排水管道流态研究[D]. 重庆：重庆大学.

任武昂, 2015. 城市污水输送、处理过程中氮组分的迁变特性及转化规律研究[D]. 西安：西安建筑科技大学.

孙光溪, 2016. 城市污水管网中微生物群落分布特性研究[D]. 西安：西安建筑科技大学.

田文龙, 2004. 利用下水道管渠处理城市污水技术模拟研究[D]. 重庆：重庆大学.

王宝宝, 2014. 城市污水管网水质变化特性与生物演替规律研究[D]. 西安：西安建筑科技大学.

王斌, 2015. 城市污水管网微生物群落的演替及其对水质的影响[D]. 西安：西安建筑科技大学.

王西俤, 李旭东, 王廷放, 等, 2000. 利用下水管网系统净化城市污水的中试研究[J]. 应用与环境生物学报, 6(3): 254-258.

王怡, 许小冰, 朱杜洁, 等, 2012. 城市排水支管中污水的生物转化模拟研究[J]. 给水排水, 4(38): 117-120.

杨柯瑶, 2016. 城市污水管网氮类营养物的迁变规律[D]. 西安：西安建筑科技大学.

周玲玲, 2010. 给水管网中生物膜及硝化作用控制[D]. 哈尔滨：哈尔滨工业大学.

朱葛夫, 2007. 厌氧折流板反应器应用技术及微生物群落生态学研究[D]. 哈尔滨：哈尔滨工业大学.

ACHENBACH L A, MICHAELIDOU U, BRUCE R A, et al., 2001. *Dechloromonas agitata* gen. nov., sp. nov. and *Dechlorosoma suillum* gen. nov., sp. nov., two novel environmentally dominant (per) chlorate-reducing bacteria and their phylogenetic position[J]. International Journal of Systematic and Evolutionary Microbiology, 51(2): 527-533.

BOON A G, 1995. Septicity in sewers: causes, consequences and containment[J]. Water Science& Technology, 31(7): 237-253.

CAYFORD B I, DENNIS P G, KELLER J, et al., 2012. High-throughput amplicon sequencing reveals distinct communities within a corroding concrete sewer system[J]. Applied and Environmental Microbiology, 78(19): 7160-7162.

CHEN G H, LEUNG D H W, 2000. Utilization of oxygen in a sanitary gravity sewer[J]. Water Research, 34: 3813-3821.

CHEN G H, LEUNG D H W, HUANG J C, 2001. Removal of dissolved organic carbon in sanitary gravity sewer[J]. Journal of Environmental Engineering, 127(4): 1-7.

CHEN G H, LEUNG D H W, HUNG J C, 2003. Biofilm in the sediment phase of a sanitary gravity sewer[J]. Water Research, 37(11): 2784-2788.

FUKUI M, TESKE A, AßMUS B, et al., 1999. Physiology, phylogenetic relationships, and ecology of filamentous sulfate-reducing bacteria (genus *Desulfonema*)[J]. Archives of Microbiology, 172(4): 193-203.

GREEN M, SHELEF G, MESSING A, 1985. Using the sewerage system main conduits for biological treatment. Greater Tel-Aviv as a conceptual model[J]. Water Research, 19(8): 1023-1028.

GUISASOLA A L, SHARMA K R, KELLER J, et al., 2009. Development of a model for assessing methane formation in rising main sewers[J].Water Research, (43):2874-2884.

GUTIERREZ O, MOHANAKRISHNAN J, SHARMA K R, et al., 2008. Evaluation of oxygen injection as a means of controlling sulfide production in a sewer system[J]. Water Research , 42(17): 4549-4561.

HVITVED-JACOBSEN T, VOLLERTSEN J, 2001. Odour formation in sewer networks[M]//VAN LANGENHOVE H, DE HEYDER B, STUETZ R M, et al. Odours in Wastewater Treatment: Measurement, Modelling and Control. London: International Water Association Publishing.

HVITVED-JACOBSEN T, VOLLERTSEN J, NIELSEN A H, 2013. Sewer Processes: Microbial and Chemical Process Engineering of Sewer Networks Second Edition[M]. Boca Raton: CRC Press.

HVITVED-JACOBSEN T, VOLLERTSEN J, NIELSEN P H, 1998. A process and model concept for microbial wastewater transformations in gravity sewers[J]. Water Science and Technology, 37(1): 233-241.

ISHIDA M, HAGA R, ODAWARA Y, 1980-7-22. Anaerobic digestion process: US4213857[P].

ISHII S I, SUZUKI S, NORDEN-KRICHMAR T M, et al., 2014. Microbial population and functional dynamics associated with surface potential and carbon metabolism[J]. The ISME Journal, 8(5): 963-978.

JENSEN N A, 1995. Empirical modeling of air-to-water oxygen transfer in gravity sewers[J]. Water Environment Research, 67(6): 979-991.

JIANG F, LEUNG D H, LI S, et al., 2009. A biofilm model for prediction of pollutant transformation in sewers.[J]. Water Research, 43(13):3187-3198.

JIN P K, SHI X, SUN G X, et al., 2018. Co-variation between distribution of microbial communities and biological metabolism of organics in urban sewer systems[J]. Environmental Science and Technology, 52:1270-1279.

KADLEC R H, 2003. Effects of pollutant speciation in treatment wetlands design[J]. Ecological Engineering, 20(1): 1-16.

KANG X R, ZHANG G M, CHEN L, et al., 2011. Effect of initial pH adjustment on hydrolysis and acidification of sludge by ultrasonic pretreatment[J]. Industrial&Engineering Chemistry Research, 50(22): 12372-12378.

LEMMER H, ROTH D, SCHADE M, 1994. Population density and enzyme activities of heterotrophic bacteria in sewer biofilms and activated sludge[J]. Water Research, 28(6)：1342-1346.

LETTINGA G, VAN HAANDEL A C, 1993. Anaerobic digestion for energy production and environmental protection[J]. Renewable Energy: Sources for Fuels and Electricity: 817-839.

LEVÉN L, ERIKSSON A R B, SCHNÜRER A, 2007. Effect of process temperature on bacterial and archaeal communities in two methanogenic bioreactors treating organic household waste[J]. FEMS Microbiology Ecology, 59(3): 683-693.

LIU J R, TANNER R S, SCHUMANN P, et al., 2002. Emended description of the genus *Trichococcus*, description of *Trichococcus collinsii* sp. nov., and reclassification of *Lactosphaera pasteurii* as *Trichococcus pasteurii* comb. nov. and of *Ruminococcus palustris* as *Trichococcus palustris* comb. nov. in the low-G+ C Gram-positive bacteria[J]. International Journal of Systematic and Evolutionary Microbiology, 52(4): 1113-1126.

LIU Y, NI B J, SHARMA K R, et al., 2015. Methane emission from sewers[J]. Science of the Total Environment, 524: 40-51.

LUO J H, LIANG H, YAN L J, et al., 2013. Microbial community structures in a closed raw water distribution system biofilm as revealed by 454-pyrosequencing analysis and the effect of microbial biofilm communities on raw water quality[J]. Bioresource Technology, 148(11): 189-195.

MCMAHON, K D, ZHENG D, STAMS A J M, et al., 2004. Microbial population dynamics during start-up and overload conditions of anaerobic digesters treating municipal solid waste and sewage sludge[J]. Biotechnology& Bioengineering,87(7): 823-834.

MECHICHI T, STACKEBRANDT E, FUCHS G, 2003. *Alicycliphilus denitrificans* gen. nov., sp. nov., a cyclohexanol-degrading, nitrate-reducing *β*-proteobacterium[J]. International Journal of Systematic and Evolutionary Microbiology, 53(1): 147-152.

NELSON M C, MORRISON M, YU Z, 2011. A meta-analysis of the microbial diversity observed in anaerobic digesters[J]. Bioresource Technology, 102(4): 3730-3739.

NIELSEN A H, HVITVED J T, VOLLERTSEN J, 2008. Effects of pH and iron concentrations on sulfide precipitation in wastewater collection systems[J]. Water Environment Research, 80(4): 380-384.

NIELSEN A H, LENS P, VOLLERTSEN J, et al., 2005. Sulfide–iron interactions in domestic wastewater from a gravity sewer[J]. Water Research, 39(12): 2747-2755.

OZER A, KASIRGA E, 1995．Substrate removal in long sewer lines[J].Water Science& Technology, 31(7) : 213-218.

RAUNKJAER K, HVITVED J T, NIELSEN P H, 1995. Transformation of organic matter in a gravity sewer[J]. Water Environment Research, 67(2): 181-188.

ROGOSA M, 1964. The genus veillonella I. General cultural, ecological, and biochemical considerations[J]. Journal of Bacteriology, 87(1): 162-170.

SCHEFF G, SALCHER O, LINGENS F, 1984. *Trichococcus flocculiformis* gen. nov. sp. nov. A new gram-positive filamentous bacterium isolated from bulking sludge[J]. Applied Microbiology and Biotechnology , 19(2): 114-119.

SUN J, HU S, SHARMA K R, et al., 2014. Stratified microbial structure and activity in sulfide-and methane-producing anaerobic sewer biofilms[J]. Applied and Environmental Microbiology, 80(22): 7042-7052.

SUN J, SHIHU H, SHARMA K R, et al., 2015. Degradation of methanethiol in anaerobic sewers and its correlation with methanogenic activities[J]. Water Research, 69:80-89.

TANAKA N, TAKENAKA K, 1995. Control of hydrogen sulfide and degradation of organic matter by air injection into a wastewater force main[J]. Water Science & Technology, 31(7): 273-282.

TANJI Y, SAKAI R, MIYANAGA K, 2006. Estimation of the self-purification capacity of biofilm formed in domestic sewer pipes[J]. Biochemical Engineering Journal, 31(1): 96-101.

TSUKAMOTO T K, MILLER G C, 1999. Methanol as a carbon source for microbiological treatment of acid mine drainage[J]. Water Research, 33(6): 1365-1370.

VANDEWALLE J L, GOETZ G W, HUSE S M, et al., 2012. *Acinetobacter, Aeromonas* and *Trichococcus* populations dominate the microbial community within urban sewer infrastructure[J]. Environmental Microbiology, 14(9): 2538-2552.

VINCKE E, BOON N, VERSTRAETE W, 2001. Analysis of the microbial communities on corroded concrete sewer pipes–a case study[J]. Applied Microbiology and Biotechnology, 57(5-6): 776-785.

WANG A, REN N, WANG X, et al., 2008. Enhanced sulfate reduction with acidogenic sulfate-reducing bacteria[J]. Journal of Hazardous Materials, 154(1): 1060-1065.

YANG Q, XIONG P P, DING P Y, et al., 2015. Treatment of petrochemical wastewater by microaerobic hydrolysis and anoxic/oxic processes and analysis of bacterial diversity[J]. Bioresource Technology, 196: 169-175.

YONGSIRI C, VOLLERTSEN J, HVITVED J T, 2005. Influence of wastewater constituents on hydrogen sulfide emission in sewer networks[J]. Journal of Environmental Engineering, 131(12): 1676-1683.

ZHANG L, ZHANG S, WANG S, et al., 2013. Enhanced biological nutrient removal in a simultaneous fermentation, denitrification and phosphate removal reactor using primary sludge as internal carbon source[J]. Chemosphere, 91(5): 635-640.

第6章　城市污水管网输送对污水处理厂处理过程的影响

城市污水管网是城市污水处理系统的重要组成部分，传统观念认为，城市污水管网主要功能为收集、输送污水，然而城市污水管网可被看作是一个巨大的管道反应器，其中进行着复杂的物理、化学及生化反应过程，城市污水在污水管道内经过长时间、远距离的输送，污水中的各类污染物会存在不同程度的转移转化现象，导致污水处理厂的进水水质与原工艺设计参数产生了显著差异，从而影响后续进入污水处理厂的脱氮除磷工艺效率。因此，本章着重对城市污水管网输送过程中水质变化及相关物理、化学及生化反应对污水处理厂处理过程的影响进行分析阐述，为污水处理厂提供合理的进水水质测算依据和工艺设计理论基础。

6.1　对污水处理厂进水宏观指标的影响

随着国家污水处理出水排放标准的逐渐提高和河流水环境功能提升的要求，城市污水处理厂承担的污水脱氮除磷的任务也愈加艰巨，然而由于城市污水在管网输送过程中，氮磷类污染物质会在物理、化学及生化反应作用下发生转移转化现象，因此明确该现象对污水处理厂进水宏观指标的影响对稳定城市污水处理厂的脱氮除磷效率将起到重要的理论支持。

城市污水管网中的有机污染物主要通过 COD 和 BOD_5 来衡量，因此本节对管网中的 COD 和 BOD_5 的变化情况进行分析，同时以 BOD_5/COD 浓度比来衡量管网中污水可生化性的改变，UV_{254} 来表明污水管网中有机物饱和状态的变化。由图 6.1 中可以看出，在室温条件下，COD 和 BOD_5 在管网中均呈现出了逐渐降低的变化趋势。在管网 0m、30m、100m、200m、400m、600m、800m、1000m 和 1200m 处，测得的 COD 的平均浓度分别为 358.40mg/L、355.20mg/L、352.01mg/L、345.60mg/L、336.00mg/L、316.87mg/L、304.00mg/L、277.20mg/L 和 247.20mg/L，1200m 的管网系统中 COD 的去除率为 31.02%。COD 降低的原因一方面是管网系统中的微生物利用分解有机物质，使污水中有机物的结构发生了变化，从而降低了管网中的 COD；另一方面，管网中的有机物在微生物的作用下，会转变为 CO_2 和 CH_4 等气体，造成了管网中 COD 的损耗（Auguet et al., 2015; Liu et al., 2015）。

BOD_5 同样在管网中存在着降低的趋势，但降低趋势较为平缓。在管网 0m、

30m、100m、200m、400m、600m、800m、1000m 和 1200m 的管段处，测得的 BOD_5 的平均浓度分别为 230mg/L、230mg/L、230mg/L、220mg/L、210mg/L、210mg/L、200mg/L、190mg/L 和 190mg/L，1200m 的管网系统中 BOD_5 的去除率为 17.40%。BOD_5 的去除也是由于管网中微生物的降解作用造成的。

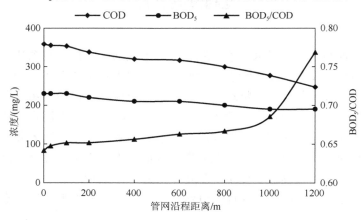

图 6.1 COD 和 BOD_5 在管网沿程中的变化

水体的 BOD_5/COD 可以表征水体的可生化降解性。管网中同样以 BOD_5/COD 来表征污水的可生化降解性。随着 COD 和 BOD_5 在城市污水管网中的沿程变化，BOD_5/COD 在管网中呈现出了沿程升高的变化趋势。污水流经 1200m 的管网系统后，BOD_5/COD 由管网初始端的 0.64 升至 1200m 处的 0.77，这说明污水在流经管网后，其可生化性能得到了提高。

通过 COD 和 BOD_5 表征城市污水管网中的有机物污染物。在管网中微生物的作用下，COD 的平均浓度由 358.40mg/L 降低至 247.20mg/L，平均去除率为 31.02%；BOD_5 的平均浓度由 230mg/L 降低至 190mg/L，平均去除率为 17.40%。同时，污水的可生化性能得到提高，BOD_5/COD 的值由 0.64 升高至 0.77。

UV_{254} 是在 254nm 波长紫外光下水中一些有机物的吸光度，反映的是水中天然存在的腐殖质类大分子有机物以及含—C═C—双键和—C═O—双键的芳香族化合物的多少。由表 6.1 可以看出，随着管网距离的增加，UV_{254} 沿程降低，从管网初始端的 0.137 降至管网 1200m 处的 0.086。UV_{254} 的降低说明了污水中的大分子不饱和物质在管网流动过程中得到了去除，这是由于在微生物的作用下，使得管网中不饱和态有机物向饱和态有机物转化。

表 6.1 UV_{254} 在污水管网中的沿程变化

管网沿程 距离/m	0	30	100	200	400	600	800	1000	1200
UV_{254}	0.137	0.136	0.135	0.134	0.117	0.105	0.089	0.086	0.086

　　对管网沿程氮的变化情况进行分析研究，结果见图 6.2。TN 浓度沿程呈现降低的趋势，平均去除率为 12%。TN 初始平均浓度为 67.7mg/L，在流经分别为 200m、400m、600m、800m、1000m 和 1200m 长的管段时，平均浓度降为 66.2mg/L、64.8mg/L、62.4mg/L、61.1mg/L、60.1mg/L 和 59.6mg/L，平均每间隔 200m 去除率分别为 2.2%、2.0%、3.7%、2.2%、1.5%和 1.0%。

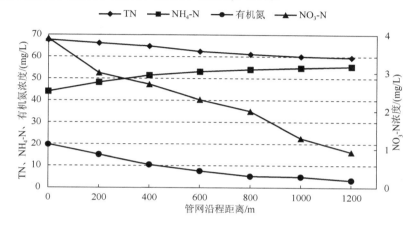

图 6.2　TN、NH₄-N、NO₃-N 及有机氮在管网沿程中的浓度变化

　　NH₄-N 在污水管道内沿程呈现上升趋势，由初始平均浓度 44.0mg/L，经过 1200m 距离后平均浓度升高为 55.4mg/L，平均升高率为 20.8%。在流经分别为 200m、400m、600m、800m、1000m、1200m 的管段时，测得 NH₄-N 平均浓度为 48.2mg/L、51.4mg/L、52.2mg/L、53.9mg/L 和 55.4mg/L，平均每间隔 200m 去除率分别为 8.7%、6.2%、3.4%、1.9%、1.3%和 1.0%，可以明显看出在初始 200m 距离内 NH₄-N 浓升高最为明显。NH₄-N 浓度升高主要是因为有机氮的氨化作用，即使可能存在 NH₄-N 在异养菌缺氧生长的作用下而减少，但数据表明有机氮的氨化作用远远强于异养菌厌氧的消耗作用，特别是在污水开始进入管网内，大部分的有机氮都被转化为氨氮，随后的变化趋于平缓。

　　NO₃-N 在污水管道内沿程呈现下降的趋势，进水平均浓度为 3.9mg/L，流经 1200m 距离后平均浓度降为 0.92mg/L，平均去除率为 76.6%。沿程 200m、400m、600m、800m 和 1000m 处的浓度分别为 3.0mg/L、2.7mg/L、2.3mg/L、2.0mg/L 和 1.3mg/L，平均每间隔 200m 去除率分别为 22.4%、10.8%、15.7%、14.2%、31.0%和 32.1%。NO₃-N 浓度降低说明污水管道内缺氧的环境下发生反硝化作用将 NO₃-N 还原为 N₂（Vollertsen et al., 1998）。由于 1g NO₃-N 发生反硝化作用需要实际消耗 2.86g BOD₅，如将本实验中 SCOD 近似看成 BOD₅，则反硝化消耗的 SCOD 应为 8.6mg/L 左右，而实际 SCOD 的减少量为 120mg/L，这说明在污水管网中除了反硝化细菌外，其他异养细菌对 SCOD 的去除将加剧污水处理厂进水碳源不足的问题，影响污水处理脱氮效果（Guisasola et al., 2008; Abdul et al., 2002）。由以上 TN、NH_4-N、NO_3-N 的实验数据计算得到有机氮在污水管网内的变化，其中有机氮平均由进水的 19.8mg/L 降至出水的 3.2mg/L，一部分溶解性有机氮发生氨化作用，另一部分可能被微生物自身吸收利用（Raunkjaer et al., 1995; Norsker et al., 1995）。

从图 6.3 可以看出，TP 初始平均浓度为 8.57mg/L，沿程流经 1200m 的距离后，出水 TP 平均浓度为 8.24mg/L，从图中可以看出 TP 在污水管道中的浓度存在着轻微的降低趋势，可能与管网中相对稳定的缺氧环境有关，而磷的有效去除必须在缺氧/好氧交替的环境才可以实现。综上可知，污水在管网流动过程中，氮、磷污染物质的浓度存在减小趋势，其中去除的氮类污染物质在物理和生化作用下，主要转化为氮气释放和沉积在管网沉积层中，而去除的磷类污染物质主要赋存于管网沉积物中。

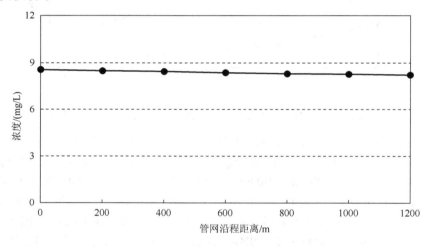

图 6.3 城市污水管道中 TP 浓度的变化规律

6.2 对进水有机物生化降解性的影响

6.2.1 城市污水中有机物沿程转化概述

污水在管网输送的过程中，有机物各组分之间不断地进行着迁移、转化以及微生物的自身利用，水中难降解与慢速易降解有机物逐渐转化为生物易于利用的基质（VFA，低分子碳水化合物等），快速易降解有机物转化生成二氧化碳，从而导致水中 COD 的降低。VFA 是有机物水解发酵的重要产物之一，其浓度的高低可反映污水中有机物的发酵程度。由图 6.4 可知，污水管网中 VFA 主要由 3 种酸构成，分别为乙酸、丙酸、异丁酸。污水管网 VFA 平均浓度（各挥发性脂肪酸浓

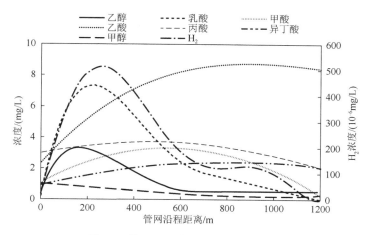

图 6.4　管网沿程中有机物的变化规律

度之和）在管网 0～800m 沿程呈增加趋势，在 800m 处达到最大值 16.94mg/L，随后在 800～1000m 沿程保持稳定，在管网的末端 VFA 浓度急剧减小，这与管网末端暴露在空气中有关，导致其管网末端的环境不适宜发酵菌群的生长。污水管网沿程丙酸和异丁酸浓度的变化趋势相一致，即在 0～800m 沿程呈增加趋势，在 800m 处分别达到最大值 3.82mg/L 和 2.49mg/L，随后 800～1000m 沿程变化不大，1000～1200m 呈现降低的趋势。而污水管网乙酸平均浓度在 600m 之前沿程逐渐增加，在 600m 处达到最大值 7.57mg/L，在 600～1000m 沿程其浓度基本保持不变，随后呈现降低的趋势。出现 VFA 中不同产物浓度变化较大的主要原因应该与系统中的微生物分布及共基质利用有关，相对丙酸和异丁酸基质，微生物更倾向于利用乙酸。另外，污水管网沿程还存在着产甲烷菌和其他诸如硫酸盐还原菌等厌氧菌，均不同程度地消耗着这些发酵产物，因此污水管网沿程 TVFA 呈现出不同的分布情况。乳酸也是污水管网中有机物发酵形成的产物之一，乳酸在管网沿程 200m 处其浓度达到最大值 8.89mg/L，随后沿程呈减小趋势，管网前端 0～200m 处乳酸浓度远大于沿程其他各处，原因可能与管网前端微生物的发酵作用强于后端微生物的发酵作用，以及管道末端中微生物利用乳酸基质含量过多有关。CO_2 浓度随管网距离延长逐渐增加，说明管网中存在一定程度的有机物无机碳化的情况，这也是各研究中报道污水在输送过程中 COD 减少的重要因素之一。综上所述，随着管网长度的增加，管网中的微生物不断地将污水中复杂有机大分子物质水解成易于生物利用的小分子有机物，将不饱和性结构的有机物转变为饱和性结构的物质，从而提高了污水的可生化性，改善了污水的水质。

6.2.2　城市污水输送过程中有机组分的转化影响

在活性污泥模型（activated sludge models，ASMs）中，首先依据城市污水有机物的生物降解性将其划分为可生物降解有机物和不可生物降解有机物，可生物降解有机物又被按照降解速率划分为快速易生物降解有机物（rapidly biodegradably COD，RBCOD）和慢速可生物降解有机物（slowly biodegradable COD，SBCOD）如图 6.5 所示。

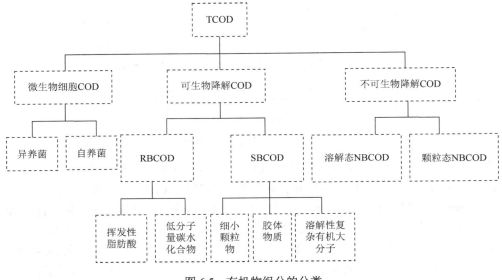

图 6.5　有机物组分的分类

NBCOD 表示不可生物降解有机物（non-biodegradable COD）

其中，RBCOD 被假定为由相对较小的分子组成，如 VFA 和低分子量的碳水化合物，很容易进入细胞内部并引起电子受体（O_2 或 NO_3^-）被利用的快速响应。而 SBCOD 可能由细小颗粒物、胶体物质和溶解性复杂有机大分子组成，对于生活污水，SBCOD 仅由细小颗粒物和胶体物质组成。由于胶体物质能够被活性污泥很快吸附而从污水中去除，其结果必定与颗粒物相联系，因此模拟生物反应器可以把所有的胶体和颗粒性可降解 COD 都归为 SBCOD，这类物质在被微生物吸收利用之前必须进行胞外水解，水解为容易被微生物降解的小分子有机物。根据相关文献报道，RBCOD 占 TCOD 的 8%～20%，SBCOD 占 TCOD 的 50%～75%。

污水中有机物在污水管道内的循环流动过程中呈逐渐降低的趋势，其中包含的 RBCOD 和 SBCOD 组分也会发生一定的变化，主要表现在 RBCOD 被微生物的吸收利用及 SBCOD 的沉积和水解酸化过程。通过如图 6.5 所示的污水管网污染物转化模拟系统，测量比耗氧速率变化曲线来分别计算有机物及溶解态有机物中 RBCOD 和 SBCOD 的变化，结果如图 6.6 和图 6.7 所示。

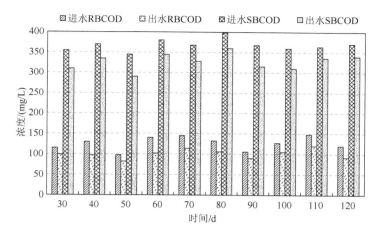

图 6.6　有机物中 RBCOD 和 SBCOD 的变化

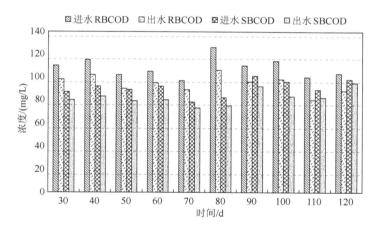

图 6.7　溶解态有机物中 RBCOD 和 SBCOD 的变化

图 6.6 表示有机物中 RBCOD 和 SBCOD 的变化，进水 RBCOD 浓度平均为 120.29mg/L，出水为 101.97mg/L，降低量为 18.32mg/L；进水 SBCOD 浓度平均为 364.76mg/L，出水为 326.23mg/L，降低量为 38.53mg/L。图 6.7 表示溶解态有机物中 RBCOD 和 SBCOD 的变化，进水 RBCOD 浓度平均为 108.05mg/L，出水为 93.39mg/L，降低量为 14.66mg/L；进水 SBCOD 浓度平均为 88.92mg/L，出水为 82.72mg/L，降低量为 6.20mg/L。

有机物包括溶解态和颗粒态两种形态，因此可以根据有机物和溶解态有机物中的 RBCOD 和 SBCOD 浓度分别计算出颗粒态有机物中 RBCOD 和 SBCOD 的浓度。而溶解态有机物和颗粒态有机物中均包括 RBCOD、SBCOD 和惰性有机物，因此可以计算得到惰性有机物的浓度。图 6.8 表示的是有机物中 RBCOD、SBCOD

及惰性有机物的变化。

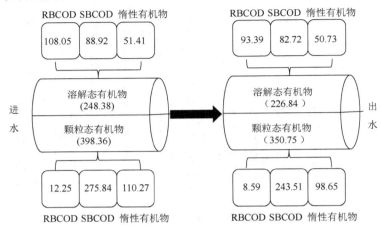

图 6.8　有机物中 RBCOD、SBCOD 和惰性有机物的变化（单位：mg/L）

从图 6.8 中看出，溶解态有机物中的 RBCOD、SBCOD 分别由 108.05mg/L、88.92mg/L 降至 93.39mg/L、82.72mg/L，颗粒态有机物中的 RBCOD、SBCOD 由 12.25mg/L、275.84mg/L 降至 8.59mg/L、243.51mg/L。

根据以上数据计算得到，进水溶解态有机物中的 RBCOD 占 43.50%，SBCOD 占 35.80%，惰性有机物占 20.70%，而颗粒态有机物中的 RBCOD 仅有 3.07%，SBCOD 占 69.24%，惰性有机物则达到了 27.69%。这表明，溶解态有机物中的 RBCOD 所占比重较大，颗粒态有机物中 RBCOD 含量则很少，以 SBCOD 和惰性有机物为主，很可能与少量快速易生物降解有机物吸附在颗粒表面有关。污水经过 6h 的水力流动后，出水溶解态有机物中的 RBCOD 降为 41.17%，SBCOD 占 36.47%，惰性有机物占 22.36%，而颗粒态有机物中 RBCOD 所占比例仍然很小，只有 2.45%，SBCOD 所占比例依然占绝对优势，与进水基本一致，惰性有机物所占比例也未发生明显变化。

此外，通过分析还可以得到，进水中 RBCOD 中 89.82% 的比例以溶解态存在，10.18% 以颗粒态存在，SBCOD 中则有 24.38% 的比例为溶解态，其余 75.62% 以颗粒态存在。出水中 RBCOD 中 91.58% 的比例以溶解态存在，8.42% 以颗粒态存在，SBCOD 中则有 25.36% 为溶解态，其余 74.64% 以颗粒态存在。结果表明，城市污水中在管网系统运行过程中，在颗粒态沉积和溶解态吸附转化的作用下碳源浓度和种类发生明显变化，这对污水处理厂进水的有机物生化降解性产生显著影响。

6.3　对生物脱氮除磷过程的影响

城市污水管网输送污水过程中,管道内部环境复杂。其中,汇流、沉积、冲刷携带和微生物作用等会使水相、沉积相和气相之间发生着各种复杂的物理、化学及生物反应。因此,通过建立管道中污水水质变化过程的示意模型来阐述城市污水管网运行过程中水质变化对生物脱氮除磷过程的影响,如图 6.9 所示。

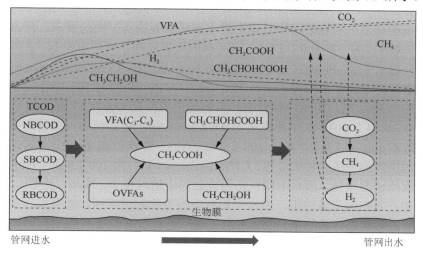

图 6.9　管网中污水水质变化示意

城市污水管道中沉积物受不同强度水流冲刷,即缓流和急流条件下,污水中颗粒态污染物的运动轨迹不同。缓流条件下,管道沉积层沉积作用大于冲刷作用,污水中颗粒态污染物随水流悬浮一段距离后沉积下来,沉积物厚度增加且向水流方向推移;急流条件下,水流冲刷强度显著增加,污水中颗粒态污染物随水流一起运动到更远处,且水流会对沉积层进行冲刷携带,致使更多的颗粒态污染物再悬浮。由此可知,不同强度水流冲刷会引起管道污水中颗粒态污染物粒径分布和污染物浓度的显著变化,最终会对污水处理厂进水水质产生较大影响。

由于我国污水管道多为厌氧管道,因此管道内生化反应以厌氧生化反应为主。在厌氧反应过程中,水解和酸化两个过程是导致污水中碳源含量和种类变化的关键环节。在污水管网中,水解是将典型的有机物质如蛋白质被分解为短肽和氨基酸,多糖被分解为葡萄糖,而酸化作用是微生物在体内利用脂肪酸、氨基酸和葡萄糖等小分子有机物近一步生成更简单的小分子有机物的过程,这一阶段的主要产物包括 VFA(乙酸、丙酸和异丁酸等短链脂肪酸)、乳酸和醇类物质(乙醇和甲醇)。如前述可知,具有发酵作用的微生物主要包括两类,厌氧菌和兼性厌氧菌。

兼性厌氧菌在发酵过程中会将溶解氧作为电子供体，消耗水中的溶解氧，降低体系内的氧化还原电位，同时也为产甲烷过程创造良好的环境条件。对于城市污水处理厂而言，生物脱氮除磷工艺需要碳源，污水中碳源种类和含量直接影响着生物系统的运行效果，因此在城市污水管网中存在着的显著的有机分子量减小、难降解有机物含量的降低以及小分子易降解有机物含量的增加，可显著提升污水处理厂进水的有机物生化降解性。但是由于总碳源含量在污水流动过程中存在着下降趋势，因此碳源在污水管网中的变化对生物脱氮除磷过程的影响需进行进一步论证和分析。

根据现有工艺对城市污水处理厂进水水质营养物质平衡的要求，污水的好氧处理，一般 C：N：P=100：5：1；而污水的厌氧处理，对污水中 N、P 的浓度要求低，一般 C：N：P=200：5：1。如图 6.10 所示，在水流流速 0.1 m/s 时，污水中颗粒态污染物的中值粒径 D_{50} 为 27.83μm，C：N：P 约为 100：8.38：1.54；在水流流速 0.3m/s 时，污水中颗粒态污染物的中值粒径 D_{50} 为 31.06μm，C：N：P 约为 100：6.24：1.03；在水流流速为 0.6m/s 时，污水中颗粒态污染物的中值粒径 D_{50} 为 36.87μm，C：N：P 约为 100：5.88：0.92；在水流流速 0.9 m/s 时，污水中颗粒态污染物的中值粒径 D_{50} 为 37.47μm，C：N：P 约为 100：5.25：0.88。因此，随着水流流速的增加，污水中颗粒态污染物的中值粒径 D_{50} 增加，且 C：N：P 比随之增加。即在缓流条件下，污水中颗粒态污染物物理沉积，而有机污染物主要存在于较大颗粒态污染物上，造成污水处理厂进水水质碳源不足；在急流条件下，管道沉积物受水流冲刷严重，吸附有大量有机污染物的大颗粒沉积物被水流冲刷携带，使污水中碳源增加。

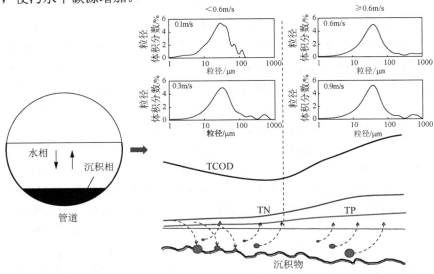

图 6.10　不同流态下管道污染物转化规律示意

综上所述，污水在管网输送的过程中，污染物不断地进行着迁移和转化。在缓流条件下，污水所携带污染物的沉积和吸附作用显著，其中对污水中碳源含量的影响尤为严重，不利于污水处理厂的脱氮除磷效率的提升，而在每天排水高峰期，沉积物大量被冲刷携带，污水中碳类有机污染物的增加比例大于氮类和磷类污染物，使现有污水碳源不足得到改观，利于生物脱氮除磷工艺的碳源需求。

6.4　城市污水管网研究前景展望

城市污水管网是收集、运输城市污水的系统，是城市水利基建的一个重要组成部分。城市污水管网将生活污水、工业废水和雨水收集起来并输送至污水处理厂进行处理。随着经济快速增长、工业化迅速发展以及城镇化不断加剧，使得水污染现象日益严重，严重威胁到了人们的用水需求以及人身安全。因此，污水处理和水资源的回收利用成为人们关注的焦点问题。在整个城市污水处理系统中，城市污水管网作为城市污水处理系统的上游部分，是不可缺少的重要组成部分，因此对于城市污水管网关注也愈加明显。

传统的观点认为，城市污水管网系统是收集和运输污水的基础设施，城市污水通过排水管网输送至污水处理厂时，对于污水的处理才开始，因此城市污水管网系统游离于城市污水处理系统之外，这就使得人们忽略了排水管道对于污水水质的影响而更多的关注污水处理厂。目前，污水处理厂的设计进水水质是根据用户出水水质而定，而忽略了污水流经排水管道的降解过程，致使污水处理厂进水负荷大大低于设计负荷，碳源严重不足。随着科学技术的不断发展和人们对城市污水管网认识的提高，越来越多的人已经开始认识到城市污水管网已不仅是一个简单的收集和输送污生活污水、工业废水和雨水的收集运输装置，而且还是一个可以改变水中污染物形态与含量的"生化反应器"。生物膜中高活性的微生物利用污水中的有机物和营养盐进行自身的生长代谢活动进而发生一系列的物化与生物反应过程，从而改变了污水的水质，对污水处理厂的进厂水质产生了重要的影响。因此，污水管网在整个城市污水处理体系中的地位不容忽视。本章已针对城市污水在管网中的水质变化进行了详细阐述。另外，值得注意的是，由于城市污水中仍然存在着诸多微量污染物，如个人护理品和内分泌干扰物，以及不容忽视的抗性基因和致病基因等，此类污染物在污水管网中的迁移转化仍然会对污水水质产生显著影响，这也将是未来对城市污水管网的关注重点。总体来说，污水通过城市污水管网进入污水处理厂，管网中的水质变化影响着污水处理厂的设计、施工和运行。

本书所揭示的管网中水质变化的途径和各种污染物之间的迁移转化规律对于优化水厂设计、提高水厂运行的稳定性是十分必要的，同时我们将继续致力于对污水管网中丰富的污染物转化过程进行分析研究，以期提出具有实际工程价值的城市污水管网优化运行及提升改造的实施方法。

参 考 文 献

ABDUL-TALIB S, HVITVED-JACOBSEN T VOLLERTSEN J, et al., 2002. Anoxic transformations of wastewater organic matter in sewers——Process kinetics, model concept and wastewater treatment potential[J]. Water Science& Technology, 45(3): 53-60.

AUGUET O, PIJUAN M, GUASCH-BALCELLS H, et al., 2015. Implications of Downstream Nitrate Dosage in anaerobic sewers to control sulfide and methane emissions[J]. Water Research, 68: 522-532.

GUISASOLA A, HASS D D, KELLER J, et al., 2008. Methane formation in sewer systems[J]. Water Research, 42(6-7): 1421-1430.

LIU Y, NI B J, SHARMA K R, et al., 2015. Methane emission from sewers[J]. Science of the Total Environment, 524: 40-51.

NORSKER N H, NIELSEN P H, HVITED-JACOBSEN T, 1995. Influence of oxygen on biofilm growth and potential sulfate reduction in gravity sewer biofilm[J]. Water Science& Technology, 31(7): 159-167.

RAUNKJAER K, HVITVED J T, NIELSEN P H, 1995. Transformation of organic matter in a gravity sewer[J]. Water Environment Research, 67(2): 181-188.

VOLLERTSEN J, HVITVED J T, et al., 1998. Aerobic microbial transformations of pipe and silt trap sediments from combined sewers[J]. Water Science & Technology , 38(10):249-256.

彩　　图

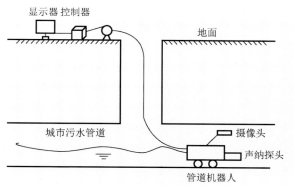

（a）管道机器人工作示意图

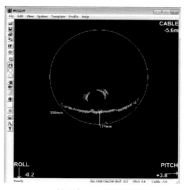

（b）管道机器人软件成像图

图 2.14　沉积物监测方法

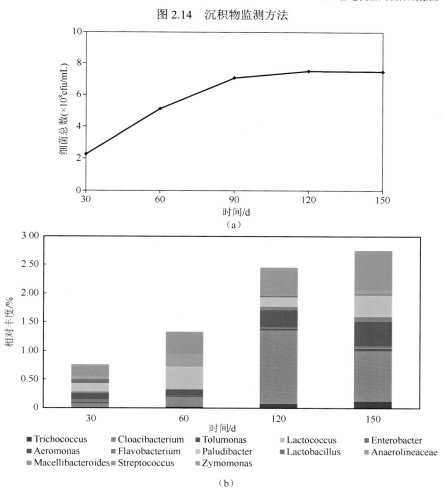

（a）

（b）

图 3.6　细菌总数（a）以及种群（水解细菌）（b）的变化规律

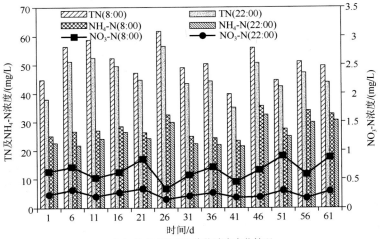

（a）污水中氮类污染物浓度变化情况

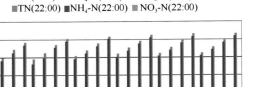

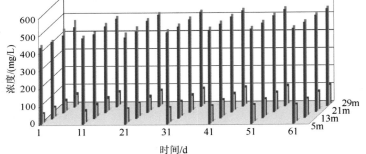

（b）沉积物中氮类污染物浓度变化情况

图3.13　管网中氮类污染物在污水-沉积物间的历时变化

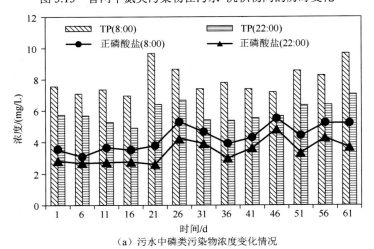

（a）污水中磷类污染物浓度变化情况

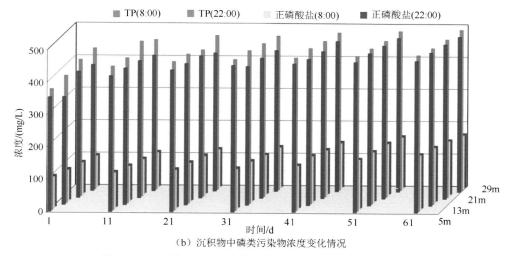

（b）沉积物中磷类污染物浓度变化情况

图 3.14　管网中 TP、正磷酸盐在污水–沉积物间的历时变化

A:c-Bacteroidia
B:o-bacteroidales
C:c-Deltaproteobacteria
D:c-Syntrophobacteraies
E:o-Betaproteobacteria
F:o-Burkholderiales
G:f-Comamonadaceae
H:o-Rhodacyclales
I:f-Rhodacyclaceae
j:c-Epsilonproteobacteria
j:c-Epsilonproteobacteria
k:o-Campyiobacterales
L:c-Gammaproteobacteria
M:o-Pseudomonadales
N:f-Pseudomonadales
N:f-Moraxellaceae
O:g-Acinetobacter
p:o-Oceanospirillales
Q:s-Halomonadaceae
R:g-Halomonas
S:o-Alteromonadales

T:f-Shewanellaceae
U:g-Shewanella
V:c-Alphaproteobacteria
W:c-unidentified Actinobacteria
X:c-Clostridia
Y:o-Clostridia
Y:o-Clostridiales
Z:o-Clostrldlales
a:c-Synergistia
b:o-Synergidstales

c:f-Synergistaceae
d:c-Methanomicmrobia
e:o-Methanosarcinales
f:f-Methanosaetaceae
g:g-Methanosaeta

P-Actnobacteria
p-Bacteroidetes
P-Euryarchaeota
P-Fimicutes
P-Proteobacteria
P-Synergistetes

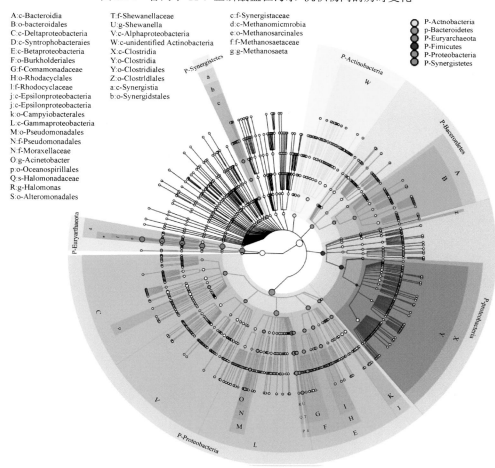

图 3.23　污水管道模拟系统的沉积物中微生物种群分布以及系统发育过程

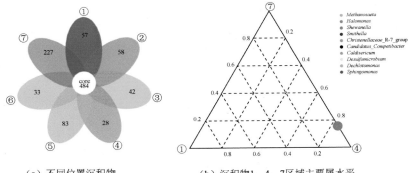

（a）不同位置沉积物
样品的OTU数量（花瓣图）

（b）沉积物1、4、7区域主要属水平
微生物的对比分布特征（三元相图）

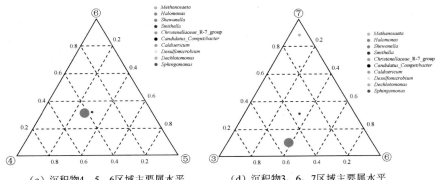

（c）沉积物4、5、6区域主要属水平
微生物的对比分布特征（三元相图）

（d）沉积物3、6、7区域主要属水平
微生物的对比分布特征（三元相图）

图 3.25　不同位置的沉积物微生物种群分布特征

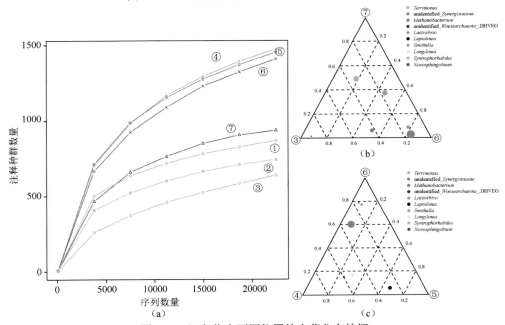

图 3.26　沉积物中不同位置的古菌分布特征

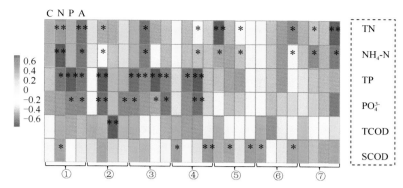

图 3.27　污水管网沉积物七个区域的微生物种群丰度与污染物质的关联分析

使用 Spearman 分析方法，条带的颜色和条带上的星型符号代表了功能性微生物和污染物浓度的关联亲疏程度，不同区域条带上所标注的 C、N、P、A 分别代表了可实现碳类、氮类、磷类污染物转化的功能性微生物种群和产甲烷古菌

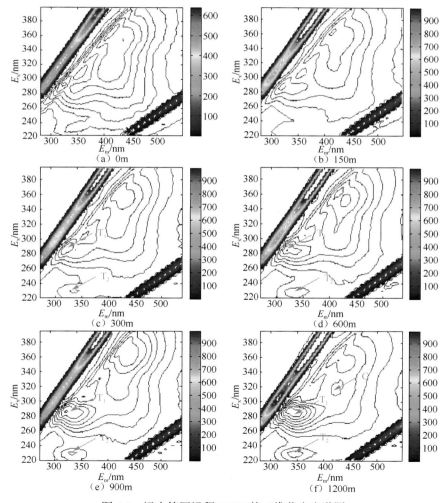

图 4.7　污水管网沿程 DOM 的三维荧光光谱图

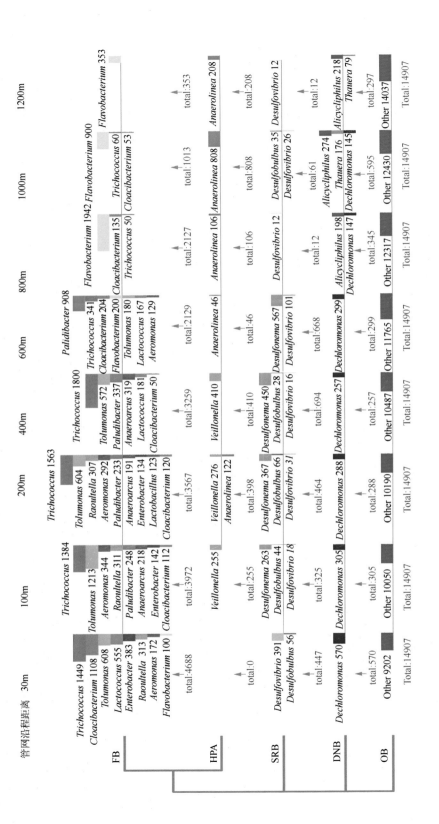

图 5.28 微生物群落在管网中的沿程分布

FB 代表发酵菌，HPA 代表产氢产乙酸菌，SRB 代表硫酸盐还原菌，DNB 代表反硝化菌，OB 代表其他菌，用数字和方块长度来表示 reads 的数值

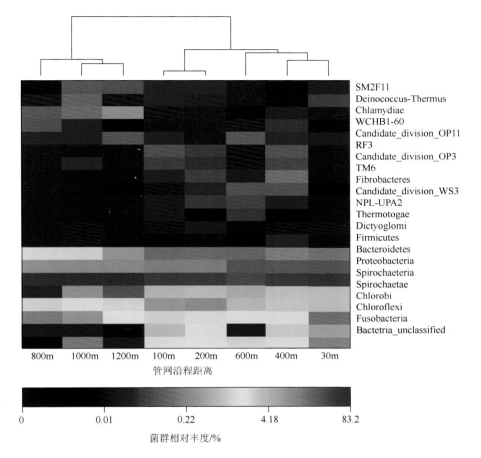

图 5.29　门水平下微生物群落的聚类热图分析

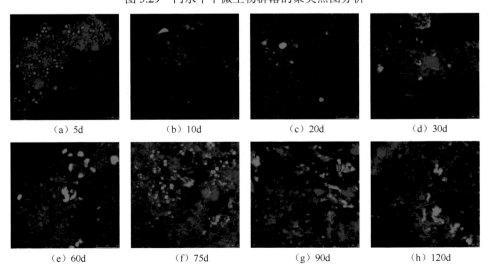

(a) 5d　　　　(b) 10d　　　　(c) 20d　　　　(d) 30d

(e) 60d　　　　(f) 75d　　　　(g) 90d　　　　(h) 120d

图 5.33　杂交结果效果图

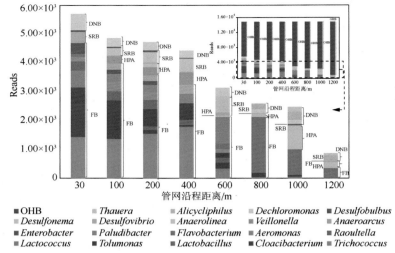

图 5.40　FB、HPA、SRB、DNB 和 OHB 菌群在管网沿程中的变化

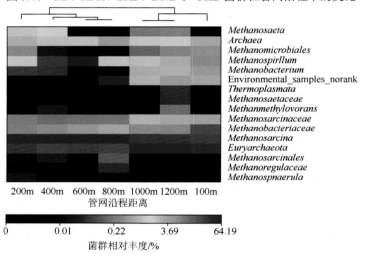

图 5.41　产甲烷菌聚类热图分析

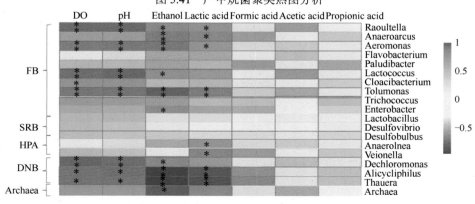

图 5.50　微生物与污染物的耦联作用特征